# 店面設計入門

店舖之計劃設計圖書
從店舖計劃到開店

志田慣平

參考文獻

店舖照明之實際‧照明學會／照明普及會■照明之資料書籍／照明學會編■MARIOT VOL.6／(株)遠藤照明■Nashop通信／照明基礎知識系列4■技術報告　室內照明　店舖照明計劃之基本(1)／笠間　勝■爲了設計師之建築設備檢查目錄／(株)彰國社■店舖設施之綜合知識。高瀨間昌康著／(株)誠文堂新光社■顏色之常識‧川上元郎著／日本規格協會■色彩與配色‧太田昭雄　河原英介共同著作／Graphic社■累計袖珍型手冊　設備篇1994／(株)建築資料研究社■商業設施技術體系／(社團法人)商業設施技術團體連合會■商業建築企劃設計資料集大成。(社團法人)日本設計家協會編／(株)商店建築社■商店經營便覽‧商店界編集部／(株)誠文堂新光社■概念商店之一切，三宅隆之著／(株)business社■經營分析易讀圖表‧平野健著／(株)中經出版■商店之係數管理注解／(株)誠文堂新光社■建築。設備工程申請手續之實際。原田誠之監修　田尻陸夫編／(株)Ohm社■World-Sign (1) (2)／(株)Graphic社■1993年青少年白皮書■表現之說服技巧。富士全錄公司／日本經濟新聞社■商業用語辭典，川崎健一　倉本初夫監修／(株)商業界■企劃宣傳創思小辭典‧高橋迪良／(株)行政(Gyosei)■了解市場之辭典‧宇野政雄著／(株)日本實業出版社

※由各社目錄之資料
（松下電工(株)■Sun-Wave工業(株)■(株)INAX■(株)遠藤照明）
（※其他　警視防範犯罪部■消防署■衛生所等提供之資料）
（※資料協助　(株)明和工藝■(株)Idea及其他相關連各社）

# 前言

目前，對於店舖經營之環境，由於生活者之消費傾向變化，與同業種店舖間的競爭激烈化，以及無店舖販賣所形成之直接市場等，另外，包括商業大廈及購物中心等之租借開店的投資額增大，可以説條件極為嚴格。

即使於此種不確定要素很多之狀況下仍然划得來，甚至於具有發展性之「店舖設計」，於考慮之時，不單僅止於有關建築之知識及設計技術、設計上之表現技術，還包括環繞商業環境之流通、消費者、經營等商業般的知識及時代，如何正確掌握之判斷力。實際上，於實施店舖設計工作之階段，若不能正確理解所籌劃之經營策略及營業改策，則無法與顧客站於共通的認識上，做一切的開始。尤其是由大多數之租借店面所構成之複合商業設施等，由於總體性之營業政策，設施的統一形象，建築計劃與租借店面設計之區分及設計上適切之共同企劃與內部裝潢監理部門的專門性交涉等，業務極為多種多樣。

於今後店舖設計師之業務將日益擴大時，需要設計性思考之軟體部份暫且不談，有關設計製圖部份，為了商談及其處理，數量化及業務的效率化，以及為避免業務上之不完備，擁有檢視機能之手冊(manual)將日漸需要。本書的重點在於，進行店舖設計工作時所必需的基本性業務及作業之過程，將其圖案化，並明確顯示出設計師與所有者、工程業者間之相關連性。

此外，有關攙合設計師本身之業務與顧客、工程業間的業務方面，為將共通部份便覽化，並使檢視檢討可能化，乃嘗試型態(form)之設定。於店舖設計師之業務中，同樣設計及圖樣，適切的諮詢已日益重要。包括此等之店舖設計工作方面的參考資料，希望讀者能加以利用。

本書於『Ⅰ 店舖之計劃設計圖書與表現』中，對於實際之表現設計與企劃設計圖書等，收錄有從計劃至開店為必需之一切設計資料。『Ⅱ 店舖設計與機能』方面為設計之基礎與理論，『Ⅲ 從店舖計劃至開店為止』則是以設計師之業務為中心之作業流程，依其過程以進行解說。剛開始從事店舖設計之讀者，以及立志成為店舖設計師之讀者們，首先藉由『Ⅰ』來接觸設計之事例，熟悉之並進行演習，再藉由『Ⅱ』一邊學習，一邊習得技巧。又，有關於設計師之業務方面，可藉由『Ⅲ』，將現場之實際動向於書本上體驗出，以習得實務方面之技巧。

此外，有關事例方面，就設計業務而言，於最需要之大廈內的店舖裡，選擇小規模者，使其設計工作易於理解。於各項目所附帶之FORMAT及表，為利於讀者之適當利用而安排之，請各自作成並使用之。

最後，於彙集本書之際，如文獻所示，引用了許多書籍並做為參考。謹向相關人士致深深之謝意。此外，對於特別支持之Graphic社的迂田博氏及Patooku社之森田實氏，在此致十二萬分的感謝。

1995年11月30日　　　　　　　　　　　　　　　　　　　　　　　　　志田慣平

# ● 目錄

前言 ‧‧‧‧‧‧‧‧‧‧‧‧‧‧‧‧‧‧‧‧3

序　零售店舖之業種及業態之分類 ‧‧‧‧‧‧‧‧‧6

　　業種別零售店舖之分類 ‧‧‧‧‧‧‧‧‧‧‧‧6


## I 店舖之計劃設計圖書與表現 ‧‧‧‧‧‧8

1：店舖之計劃設計圖書 ‧‧‧‧‧‧‧‧‧‧‧8

2：事例設計圖書目錄 ‧‧‧‧‧‧‧‧‧‧‧‧11

3：設計事例 ‧‧‧‧‧‧‧‧‧‧‧‧‧‧‧‧12

　　(1)食處『吉國』 ‧‧‧‧‧‧‧‧‧‧‧‧‧12

　　(2)裝飾品時髦組合『PretaLoad』 ‧‧‧‧65

　　(3)畫廊飯店『Arcadia』 ‧‧‧‧‧‧‧‧74

　　(4)基本詳細圖例（參考圖） ‧‧‧‧‧‧84

4：表現之方法與事例 ‧‧‧‧‧‧‧‧‧‧‧91

　　(1)依據平面圖及粗素描之表現 ‧‧‧‧92

　　(2)依據彩色路線(Paulu之‧‧‧‧‧‧‧96

　　(3)依據紙上模型之表現 ‧‧‧‧‧‧‧‧100

　　(4)依據照片拼貼之表現 ‧‧‧‧‧‧‧‧104


## II 店舖設計與機能 ‧‧‧‧‧‧‧‧‧‧120

1：所謂之店舖設計爲何？ ‧‧‧‧‧‧‧‧‧120

2：店舖設計與經營政策 ‧‧‧‧‧‧‧‧‧‧120

　　(1)與店舖之營業政策相關連之檢視點 ‧‧120

　　(2)對店舖設施投資費用相關連之檢視點 ‧120

3：店舖之基本機能與空間構成 ‧‧‧‧‧‧‧120

　　3-1：前方機能 ‧‧‧‧‧‧‧‧‧‧‧‧‧122

　　(1)店舖與前面道路之相關連 ‧‧‧‧‧122

　　(2)店舖之形狀 ‧‧‧‧‧‧‧‧‧‧‧122

　　(3)店舖之外觀（外部裝潢）計劃 ‧‧124

　　(4)店頭‧導入部 ‧‧‧‧‧‧‧‧‧‧124

　　(5)陳列窗之機能 ‧‧‧‧‧‧‧‧‧‧125

　　(6)店舖之出入口 ‧‧‧‧‧‧‧‧‧‧125

　　3-2：中心機能 ‧‧‧‧‧‧‧‧‧‧‧‧126

　　(1)物品販賣店之店內配置 ‧‧‧‧‧126

　　(2)商品構成與販賣場之配置 ‧‧‧‧126

　　(3)販賣型態 ‧‧‧‧‧‧‧‧‧‧‧127

　　(4)商品之陳列‧收納機能 ‧‧‧‧‧127

　　(5)物品販賣店之什器計劃 ‧‧‧‧‧127

　　(6)飲食店之店內配置 ‧‧‧‧‧‧‧129

　　(7)廚房計劃 ‧‧‧‧‧‧‧‧‧‧‧130

　　(8)顧客用廁所 ‧‧‧‧‧‧‧‧‧‧131

　　3-3：後方機能 ‧‧‧‧‧‧‧‧‧‧‧132

　　(1)事務室之機能與空間 ‧‧‧‧‧‧132

　　(2)其他之後方空間 ‧‧‧‧‧‧‧‧132

4：店舖設計之檢視點 ‧‧‧‧‧‧‧‧‧‧133

　　(1)店舖之前方機能檢視點 ‧‧‧‧‧133

　　(2)物品販賣店之中心機能檢視點 ‧‧134

　　(3)飲食店之中心機能檢視點 ‧‧‧‧134

　　(4)店舖之後方機能檢視點 ‧‧‧‧‧135

5：店舖設備之檢視點 ‧‧‧‧‧‧‧‧‧‧136

　　(1)電氣設備設計之檢視點 ‧‧‧‧‧136

　　(2)空調、換氣設備之檢視點 ‧‧‧‧136

　　(3)防災設備之檢視點 ‧‧‧‧‧‧‧136

　　(4)給排水、供熱水、瓦斯設備之檢視點 ‧137

　　(5)廚房機能之檢視點 ‧‧‧‧‧‧‧137


## ● 附錄

描繪路線所需之工具(導引一覽表1～5) ‧‧‧‧106

建築圖面平面表示記號 ‧‧‧‧‧‧‧‧‧‧‧111

材料‧構造表示記號 ‧‧‧‧‧‧‧‧‧‧‧‧111

設備表示記號(1～3) ‧‧‧‧‧‧‧‧‧‧‧112

主要略號 ‧‧‧‧‧‧‧‧‧‧‧‧‧‧‧‧‧115

店舖之相關連用語 ‧‧‧‧‧‧‧‧‧‧‧‧‧117

店舖之配色圖像（屏蔽1-8） ‧‧‧‧‧‧‧卷頭

6：店舖空間之各部比例基準(module) ………138
　　⑴男女年齡別之身高與座高 ……………138
　　⑵站立之姿勢與動作尺寸 ………………138
　　⑶座姿 ……………………………………138
　　⑷盤腿座、正座之姿勢……………………139
　　⑸『人』與店舖之通路 ……………………139
　　⑹商品陳列之效果性高度範圍與順位 …139
　　⑺店舖空間之通路與什器之關係 ………139
　　⑻對面之什器基本尺寸 …………………140
　　⑼飲食店顧客席之基準尺寸 ……………140
　　⑽飲食店櫃台席之基準尺寸 ……………141
　　⑾廚房和餐具室櫃台之尺寸圖 …………141
7：店舖之照明計劃 ………………………………142
　　⑴照明之機能 ……………………………142
　　⑵照明計劃之程序 ………………………142
　　⑶照度之計算 ……………………………144
8：店舖之色彩計劃 ………………………………146
　　⑴色之體系 ………………………………146
　　⑵色之對比 ………………………………148
　　⑶視覺認知度 ……………………………150
　　⑷配色之圖像 ……………………………152
　　⑸店舖之配色圖像 ………………………154
　　⑹店舖之信號計劃 ………………………158


III 從店舖計劃
　　　至開店為止 ………………160
店舖設計之總括流程（從店舖計劃至開店為止）………160
過程1：市場調查、分析、基本構想 ……………162
　　1：途徑 …………………………………162
　　2：業務契約 ……………………………163
　　　　⑴業務之範圍 ……………………163
　　　　⑵業務之報酬 ……………………164
　　　　⑶業務程序 ………………………165
　　3：商業環境之調查 ……………………165
　　　　⑴商業條件之調查 ………………165
　　　　⑵地域生活者之調查 ……………165

　　　　⑶交通動態之調查 ………………165
　　　　⑷店舖之位置條件調查 …………166
　　　　⑸今後之環境變化 ………………167
　　4：事業計劃之決定 ……………………168
　　　　⑴商圈之範圍 ……………………168
　　　　⑵競爭店對策 ……………………168
　　　　⑶顧客層之設定 …………………169
　　　　⑷商品構成之設定 ………………169
　　　　⑸銷售額目標之設定 ……………170
　　　　⑹資金目標之設定 ………………173
　　5：資訊交換 ……………………………173
　　　　●資料之收集與參考資料之作成 …173
過程2：綜合企劃 ………………………………174
　　6：企劃業務・形象計劃 …………………174
　　　　●企劃提出圖書（表現）之細目 …174
　　7：設施之概要商談確認 …………………174
過程3：基本設計 ………………………………174
　　8：基本設計業務 ………………………174
　　　　⑴基本設計之圖書提出細目 ……175
　　　　⑵相關公家機關之提出申請 ……175
　　9：設施設計　設備之商討確認 ………175
過程4：實施設計 ………………………………176
　　10：實施設計業務 ………………………176
　　　　●實務設計之圖書提出細目 ……176
　　11：細部之商討確認 ……………………176
過程5：設計監理 ………………………………177
　　12：設計監理業務 ………………………177
　　13：工程業者之選定及決定 ……………177
　　14：累計與估計 …………………………177
　　15：工程契約 ……………………………177
　　16：開始著手工程 ………………………177
　　17：工程完了 ……………………………177
　　18：相關公家機關之檢查 ………………177
　　19：工程之提交 …………………………177
　　20：開店準備與設施之連動檢視 ………178
　　21：開店 …………………………………178
　　　　●於租借大廈之工程區分 …………179

# 序　零售店舖之業種、業態分類

目前，零售店之型態隨著生活者生活需求之變化，其生活樣式也擴及食、衣、住、休閒等全面性，形成『設計生活』之創造型，因此，為了對應其需求，以往之業種、業態無法分類的『生活提案』型店舖正日漸成為中心。

於"衣"生活相關業之店舖中，由衣料之概念所無法涵概之TPO，換言之，視時間、場所及場合之不同，對於生活者所追求之生活樣式，可提案出時髦婦女用品小商店等，可以說具備裝飾品組合所必須之相關商品及明確顯示出店舖設計概念之業態店舖。

於"食"生活相關連業態店舖方面也是一樣，有外食傾向之生活者的需求變化包括了各式各樣，如：往自然之回歸、真正物美之需求、手製料理之需求、新鮮度、味美、健康美容需求、家族需求等，所追求的仍是視TPO之不同，享受食味生活之業態型店舖。有關家庭料理之材料，於食品販賣店舖也是不例外，包括新鮮的商品、豐富的各種食品，不僅僅是價格便宜，而且有關『家庭料理之美味製作方式』的資訊提供、蒸餾瓶食品之利用點子、及產生Sizzle效果之料理攤位的演出等『食味生活提案』型之業態店舖也出現了。

"住"生活之相關連業態店舖方面，如home center般（由相關連多業種之商品構成所形成之類似百貨店），擁有One stop shopping（所需商品一次買完）利點之型態也可以說是業態型店舖。

此外，內部裝潢相關連商品配合生活者之需求，所設定之『魅力性生活場面』，乃是喚起商品購買慾之店舖。

於休閒、休假之相關連業態店舖方面，為求興趣趣味、創造健康之運動及為求取得資格之文化性戶外休閒等，有關於此之新的生活樣式之提案，採取此政策，同時，於店舖之形象創造上，亦明確地顯示出設計之概念。

目前，此種傾向隨著生活者之價值觀變化，使得更新之業種型態店舖正不斷出現。

往業態店舖之轉換

| | |
|---|---|
| 1 | 掌握生活者之生活樣式 |
| 2 | 明確顯示出經營策略及店舖概念 |
| 3 | 建立商品＋附加價值（對需求之對應）之政策 |
| 4 | 商圈與來店顧客範圍、競爭店之內容掌握 |
| 5 | 對象顧客層（目標）的適切凝聚 |
| 6 | 適合生活者生活樣式之商品構成 |
| 7 | 配合生活實體之生活提案型販賣 |
| 8 | 商品陳設之視覺推展 |
| 9 | 訴求生活者感性之促銷活動 |
| 10 | 吻合顧客之生活場所及感性之空間構成 |
| 11 | 迎合顧客需求之商品承購 |

### 業種別零售店舖之分類

物品銷售業態

| 服飾用品業態 | 生活文化用品店 | 日常生活用品店 | 加工食品業態 |
|---|---|---|---|
| 婦女服飾專門店 | 鐘錶眼鏡、銀樓 | 藥房 | 肉品店 |
| 婦女舶來品店 | 照相機，DPE店 | 化妝品及化妝雜貨店 | 日式糕果店 |
| 童裝及嬰兒用品店 | 內部裝潢傢俱店 | 最近之衣料品店 | 現成食品店 |
| 紳士服專門店 | 家庭用電化製品店 | 五金及日用雜貨店 | 西式點心店 |
| 紳士舶來品店 | 內部裝潢用品店 | 乾燥物及調味料店 | 麵包店 |
| 女用內衣、睡衣商品店 | 花店 | 酒類販賣店 | 鮮魚品店 |
| 貴重金屬及裝飾品店 | 文具、事務用品店 | 寢具店 | 茶館、海苔店 |
| 鞋店 | 書店 | 室外設計、園藝用品店 | 米店 |
| 毛皮專賣店 | 繪畫材料設計用品店 | 陶磁器及玻璃店 | 豆腐店 |
| 領帶專賣店 | 香煙、吸煙用品店 | 便利商店 | 燒烤專門店 |
| 手提包、皮包店 | 運動用品店 | 蔬菜水果店 | |
| 運動服專賣店 | 個人電腦商店 | 水果店 | |
| 布店 | 廢物再生利用商店 | 糕果店 | |
| L尺寸商店 | 人物素描店 | DIY店 | |
| | 錄影帶出租店 | | |
| | CD，錄音帶店 | | |
| | 汽車用品店 | | |
| | 樂器店 | | |
| | 嗜好店 | | |
| | 骨董店 | | |
| | 玩具、汽車及飛機模型店 | | |
| | 民藝品店 | | |
| | 寵物店 | | |
| | 美術、古物品店 | | |

"衣"生活相關連業態店舖之例

| 成為概念之要素 | 業態型店舖 |
|---|---|
| •可享受總合之時髦 | 紳士之綜合時髦店 |
| •時髦資訊極為豐富 | 婦女時尚服飾店 |
| •視TPO不同之時髦提案 | 高齡者專門服飾店 |
| •可享受各種不同之裝飾品組合 | 正式場合之綜合時髦店 |
| | Syon店 |
| •鄭重地導引出自我之個性 | |
| •追求實用性、機能性及經濟性等 | L尺寸專門店 |
| •可以低價格利用最新之時髦品 | 租借用時尚服飾店 |
| •兒童與年輕人之綜合時髦提案 | 母子之時尚服飾店 |
| •提供有名人士之時髦 | 影視演員商店 |
| •滿足追求時尚者之心理 | |
| •看不見部份之灑脫，高品質的提供 | 女用內衣、胸罩店 |
| •Highe Quality之提供 | 寶石鑽戒、裝備品店 |
| •顧客層目標別之各種不同物品 | |
| •換裝感之時髦性強調 | 鐘錶、眼鏡專門店 |
| •銷售之諮詢 | |
| •視TPO不同之設計及素材展開 | 手冊(handbook)專門店 |

"食"生活相關連業態店舖之例

| 成為概念之要素 | 業態型店舖 |
|---|---|
| •提供新鮮味美之飲食材料 | 生鮮食料品店 |
| •提供既豐富又便宜之飲食材料 | 專門料理用加工食品店 |
| •提供世界性之飲食材料 | |
| •提供健康、美容之飲食材料 | 自然食品店 |
| •實際演出製造販賣 | 手製蛋糕與飲茶店 |
| •享受香覺及味覺 | 剛烤的麵包與飲茶專櫃 |
| | 咖啡豆專門店 |
| •提供加工食品之便利及調理方法 | 冷凍食品及蒸餾食品店 |
| •24小時營業 | 便利商店 |
| •與日常生活緊密關連之商品提供 | |
| •固定客戶飲食與附加價值之開發 | 專門性餐廳 |
| •提供原味與專家之美味 | |
| •老媽的味道 | 鄉村料理餐廳 |
| •低價格之提供 | |
| •固定客戶之連絡互動 | 藥膳料理餐廳 |
| •重視休憩與人之互動 | 聊天室、飲茶店 |
| •服務及對應之充實 | |

"住"生活相關連業態店舖之例

| 成為概念之要素 | 業態型店舖 |
|---|---|
| •提供有個性之房屋製造資訊 | 內部裝潢用品店 |
| •提供住屋之諮詢 | |
| •有內部裝潢之展示屋 | |
| •有One Stop Shopping（所需商品一次買完） | home center |
| •提供修理、改建等之技術 | 園藝，室外裝飾用品店 |
| •成為人們聚集之場所 | 廢棄物再生利用店 |
| •擁有資訊交換之網路(Net work) | |
| •新製品與諮詢協商 | 電氣製品與售後服務店 |
| •顧客服務之對應與製品售後服務之充實 | |
| •豐富之住屋生活素材及商品 | 陶磁器、玻璃製品與桌具店 |
| •生活場所之提案 | |

餘暇、休暇相關連業態店舖之例

| 成為概念之要素 | 業態型店舖 |
|---|---|
| •提供新的技術 | 化妝品與 |
| •固定顧客增加與資訊網路 | 美學沙龍 |
| •需要增進體力與健康之指導者 | 運動用品店 |
| •可豐富地提供運動資訊 | |
| •與客戶之連絡互動 | |
| •可發現適合自己之興趣 | 設計材料與手工製作教室 |
| •舉辦趣味之同好者活動 | |
| •可得趣味與實益 | |
| •提供手製用品之好處 | 嗜好商店與飲料專櫃 |
| •可享受共同生活體之樂趣 | |
| •與製作者之連絡互動 | |
| •與發起人之組織形成 | 寵物商店 |
| •寵物之健康管理及與寵物醫院之合作 | |

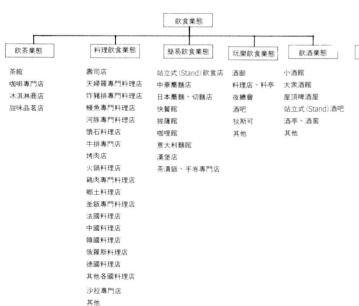

飲食業態

| 飲茶業態 | 料理飲食業態 | 簡易飲食業態 | 玩樂飲食業態 | 飲酒業態 |
|---|---|---|---|---|
| 茶館 | 壽司店 | 站立式(Stand)飲食店 | 酒廊 | 小酒館 |
| 咖啡專門店 | 天婦羅專門料理店 | 中華蕎麵店 | 料理店、料亭 | 大眾酒館 |
| 冰淇淋商店 | 炸豬排專門料理店 | 日本蕎麵、切麵店 | 夜總會 | 屋頂啤酒屋 |
| 甜味品茗店 | 鰻魚專門料理店 | 快餐館 | 酒吧 | 站立式(Stand)酒吧 |
| | 河豚專門料理店 | 披薩館 | 狄斯可 | 酒亭、酒窖 |
| | 懷石料理店 | 咖哩館 | 其他 | 其他 |
| | 牛排專門店 | 意大利麵館 | | |
| | 烤肉店 | 漢堡店 | | |
| | 火鍋料理店 | 茶漬飯、手卷專門店 | | |
| | 鷄肉專門料理店 | | | |
| | 鄉土料理店 | | | |
| | 釜飯專門料理店 | | | |
| | 法國料理店 | | | |
| | 中國料理店 | | | |
| | 韓國料理店 | | | |
| | 俄羅斯料理店 | | | |
| | 德國料理店 | | | |
| | 其他各國料理店 | | | |
| | 沙拉專門店 | | | |
| | 其他 | | | |

服務業態

| 保健衛生服務業態 | 資訊服務業態 | 資訊服務業態 |
|---|---|---|
| 理容店 | 展示間 | 柏青哥店 |
| 美容沙龍 | 畫廊 | 麻將館 |
| 美學沙龍 | 租借展示場 | 電玩中心 |
| 乾洗店 | Plaguide | 運動中心 |
| 澡堂 | 禮品供應中心 | 卡拉OK屋 |
| 修指甲沙龍 | 影印中心 | 旅社、旅館 |
| 投幣式洗衣店 | 婚紗中心 | 俱樂部中心 |
| 其他 | 旅行嚮導中心 | |
| | 其他 | |

複合商業設施

百貨商店
商業中心
地下街
車站商業大廈
超級市場

# I 店舖之計劃設計圖書與表現

於設計店舖時，必須具備與一般建築完全一樣之製圖精度，此外，亦需要商業般的知識與適切的判斷力。若自己所持有的圖像及所設計之內容未完全轉達給對方，則難得的點子不但無法發揮，也會成為招致顧客及工程相關業者混亂之要因。

此處，提出實際上『店舖設計』所使用之設計圖面，以『設計圖書』來介紹之。

〔設計事例 1.食處『吉國』〕之計劃中所必要之圖面，全部收錄之。

〔設計事例 2.裝飾品組合時髦『preta Load』〕

〔設計事例 3.畫廊飯店『Arcadia』及基本詳細內容。〕

圖例中，業種之不同店舖圖面及設計事例1～3方面雖未提出，但實際上卻收錄有助於進行業務之基本詳細圖。

〔於表現之方法與事例方面〕，包括依據簡單之素描，到使用模型之立體性表現為止，提出事例，並加以解說。

首先，要如何才能傳達此等各圖面所持有之意義及設計師之訊息等，從實際上所使用之圖面去感覺，同時，講習得正確且容易看之圖面（表）的描繪方式。

1：店舖之計劃設計圖書
2：事例設計圖書目錄
3：設計事例
　(1)食處『吉國』
　(2)裝飾品組合時髦『Pretaload』
　(3)畫廊飯店『Arcadia』
　(4)基本詳細圖例

## 1:店舖之計劃設計圖書

於企劃、基本設計、實施設計之各過程（參照店舖設計之總流程P-160）中，基於必要之圖書，一邊與顧客重覆檢討，一邊將其內容具體地決定出來，這是於店舖設計時最重要的，此點與其他之建築設施不同，它必須是基於經營政策，具有發展事業要素之設計。於實施設計圖已決定之階段裡，須將其內容綜合性地檢視修正，並視為最終之決定圖面而彙整之。

（＊視情況而定，必要之圖書有所不同，但若如右例般，將圖書編上一致之連號，則較易於整理。於一覽表之中，11～13主要為飲食店情況下之例）

| 整理號碼 | 圖書名 | 圖面之顯示內容 |
|---|---|---|
| 01： | 封面 | ・業種業態、店名、圖書名、認可印鑑設計公司、電話號碼、承辦者、圖面號碼等，得明記之。(於商業大廈等之店舖出租方面，有可能型態已被指定。參照出租店舖索引P-12) |
| 02： | 圖面一覽表 | ・相當於圖書之目錄者，有關整理號碼、圖面名、圖面號碼、圖面變更及改版等，得明確之。 |
| 03： | 設計之概要書 | ・顧客之經營政策及於營業面之諸政策，與此相關連者，須明確顯示出商店概念、設計概念、店舖之面積構成、客戶席之構成（飲食店）、商品構成及其他。 |
| 04： | 設施之視覺 | ・利用設計圖面，藉以感覺出完成後之店舖圖像(imagine)，並經由照片剪接模型等，以達到見視覺上之表現。 |

05: 加工潤飾表 ・房間別工程區分與空間構成面主要部份之加工潤飾材、工法、尺寸等，彙整成一覽表。包括室名、地板、地板水平、型芯頭、腰壁面、天花板、各部位之基礎、精加工之方法、材料之指定及其他

06: 配置圖 ・道路、房屋地基、建築物、店舖部份，須明確顯示出。包括：道路條件、法規制、地基條件、店舖區劃、地基之方位及其他

07: 計劃平面圖 ・於配置上，明確顯示出前方、中心、後方之各機能，以及客戶移動線、服務移動線。包括：店舖器具之配置、尺寸、從通蕊開始之尺寸、通蕊號碼、設備器具、機器配置、尺寸、店舖什器之配置、尺寸、通路之幅員、防災器具、機器之配置與尺寸、斷面記號、展開方位記號、其他。

08: 地板骨節圖 ・各房間別之底子、精加工材、地板高度之指定。包括：防水區劃之顯示、立起尺寸、立起材質之指定、防水材質之指定、Gristrap、側溝、防水斷面、地板之水平、傾斜度、地板之精加工方法、精加工材料、其他。

09: 區劃圖 ・內部裝潢區劃、防火區劃、防水區劃等之指定。防煙及防火區劃之顯示、尺寸、自然排煙之情況、有效排煙面積與位置確認、防火擋板之位置、防火門之種別、位置、尺寸、房間別區劃之指定（防火、耐火、防水等）、區劃壁之厚度、基礎材、精加工材、其他

10: 地板骨節圖 ・各房間別之天花板底材、基礎材及工法之決定、設置於天花板面之設備的配置相關指定、天花板內面之配線、配管等之收納等。

包括：照明器具之配置與尺寸、酒水器之配置與尺寸、緊急用燈、避難口誘導燈之立置與尺寸、空調機器、空氣導管出口、供氣口之位置與安裝尺寸、檢視口之尺寸與安裝位置、感知器類之配置與安裝尺寸、其他、設置於天花板面之設備。

11: 廚房配置圖 ・廚房器具尺寸、配置尺寸、顯示號碼、各種錶類之位置、高度尺寸、確認是否有送菜吊機與其位置尺寸、其他。

12: 廚房器具一覽表 ・平面配置號碼、器具名、尺寸、必要之設備（電氣、給排水、供熱水、瓦斯、排氣罩）等有無之確認與容量、其他。

13: 廚房器具擺設圖 ・器具名、尺寸、素材、廠商名等、其他

14: 展開圖 ・天花板高度尺寸、展開尺寸、通芯、通芯號碼、壁面設置錶機器之安裝高度、壁面底材、精加工材、精加工尺寸記載、其他

15: 外部立面圖 ・若為路面店舖，且建築物為獨立者，則不僅僅要考慮店舖正面的外部裝潢，且必須考慮到側面之設計。包括：東西南北各立面之精加工材質及尺寸工法。建築物及店舖使用部份開口方向之斷面圖與縱方向之斷面圖，依據此，對於從地中基礎至屋頂或屋頂上部份為止之構造及設備等相關連性，進行檢視(check)。包括：地上之狀況。GL與FL之水平建築物高度、至各平板(slab)面為止之高度、店舖之有效天花板高度、各樑之尺寸、位置、天花板中腰部份尺寸、小板房組、屋頂之構造、其他。

16: 斷面圖 ・各部位之詳細製造方法與尺寸、補強材質、裝飾部份之安裝方法、尺寸、其他。

17: 詳細圖 ・分電盤之尺寸、安裝位置、高度、尺寸、回路配線、回路號碼、回路容量、開關位置、高度及其他。

18: 照明配置圖 ・單相、動力之種別確認、配置尺寸、設置高度、使用器具、機器名、容量記載、動力盤之尺寸、設置位置之高度、各負荷容量、手動開關、操作盤等之位置尺寸及其他。

19: 電線插頭設備圖 ・電話電源插座之位置、尺寸、電話機、FAX之位置、POS電阻器之位置、尺寸、對講機有無之確認與位置、緊急播送BGM裝置、擴音器之位置與尺寸、有無cut-relay（斷路繼電器）之確認、防犯系統器具之位置、尺寸、其他

20: 弱電之相關設備圖 ・使用機器之位置、尺寸、能力、風道之路徑、配管之路徑。排煙、排氣口、吸氣口、操作盤、遙控開關之位置、高度、其他。

21: 空調‧換氣設備圖
22: 供排水、供熱水、瓦斯衛生、設備圖 ・供水錶、瓦斯錶之位置、尺寸、配管之路徑、管徑、使用器具、機器之指定與尺寸、容量、瓦斯漏洩感知器之指定位置、其他。

23: 緊急照明 ・緊急燈之型式與必要燈數之確認。

24: 避難口誘導燈
25: 緊急用器具 ・緊急燈之位置尺寸
・避難口誘導燈之種別與設置場所之確認、有無誘導標識設置之確認、有無緊急用器具設置與種類之確認、其他。

26: 消防設備圖 ・有無灑水頭設備、灑水頭必要數之確認與設置位置、尺寸、有無設置消防栓之確認與位置、尺寸、消防器具設置之有無、適用種別之確認與設置場所之指定、必要數之確認、其他。

27: 排煙設備圖 ・排煙方式之確認（自然排煙、機械排煙）
自然排煙之規定排煙面積的算出、有效排煙面積之計算。
各房間之隔間牆壁與有效排煙正面寬度面積之計算。
機械排煙之排煙口位置確認與尺寸記載、防煙區劃與防煙垂壁之位置確認、防火擋板、防火門之有無與位置確認、其他。

28: 警報設備圖 ・自動火災報知設備設置之適應確認、感知器（煙感知、熱感知）之適應確認、感知器之必要個數位置之確認與尺寸記入、緊急警報設備之適應確認、緊急播送、鈴、警笛等之適應與確認、緊急播送擴音器之個數與配置、尺寸記入、與BGM播送之斷路繼電器裝置的確認、緊急電源之適用範圍確認、瓦斯感知器之設置確認、其他。

# 2: 事例設計圖書目錄

## 事例1 食處『吉國』

| 整理號碼 | 圖書名 | 收錄頁 |
| --- | --- | --- |
| 01 | 封面 | 12 |
| 02 | 圖面一覽表 | 13 |
| 03-1 | 設計之概要書 | 12 |
| 03-2 | 客層圖像 | 14 |
| 03-3 | 商品(菜單)圖像 | 15 |
| 03-4 | 設施設計之圖像 | 15 |
| 04-1 | 外部裝潢之圖像方針 | 16 |
| 04-2 | 店內顧客席之圖像方針 | 16 |
| 04-3 | 店內顧客席之圖像方針 | 17 |
| 04-4 | 和室之圖像方針 | 17 |
| 05 | 加工潤飾表 | 18 |
| 06 | 配置圖 | 19 |
| 07 | 計劃平面圖 | 20 |
| 08 | 地板骨節圖 | 21 |
| 09 | 區劃區 | 22 |
| 10-1 | 天花板骨節圖 | 23 |
| 10-2 | 天花板相關設備圖 | 24 |
| 11-1 | 廚房配置圖 | 25 |
| 11-2 | 廚房器具一覽表 | 26 |
| 11-3 | 廚房器具擺設圖 | 27 |
| 12 | 外部裝潢立面圖 | 28 |
| 13-1 | 客室展開圖 | 30 |
| 13-2 | 客室展開圖 | 32 |
| 13-3 | 餐具室・客室及通路之展開圖 | 34 |
| 13-4 | 和室・客室・餐具室之展開圖 | 36 |
| 13-5 | 和室・廚房之展開圖 | 38 |
| 13-6 | 廚房之展開圖 | 40 |
| 14-1 | 入口詳細圖 | 40 |
| 14-2 | 客室詳細圖 | 42 |
| 14-3 | 和室詳細圖 | 44 |
| 14-4 | 外部・入口之詳細斷面圖 | 45 |
| 14-5 | 櫃檯桌面詳細圖 | 48 |
| 14-6 | 收銀櫃CT・和室入口・其他之詳細圖 | 50 |
| 14-7 | 記號・商家布帘之詳細圖 | 52 |
| 15-1 | 照明配置圖 | 54 |
| 15-2 | 照明器具一覽表 | 56 |
| 15-3 | 照明器具擺設圖 | 57 |
| 16 | 電源插頭配置圖 | 58 |
| 17 | 通信・音響・電視設備圖(弱電相關設備圖) | 59 |
| 18 | 空調・換氣設備圖 | 60 |
| 19 | 給排水・瓦斯設備圖 | 61 |
| 20-1 | 緊急燈・誘導燈設備圖 | 62 |
| 20-2 | 火警報知機設備圖(警報設備圖) | 63 |
| 20-3 | 排煙設備圖 | 64 |

## 事例2 裝飾品組合時髦『PretaLoad』

| | | |
| --- | --- | --- |
| (1) | 路線(path)(外部裝潢・內部裝潢) | 66 |
| (2) | 計劃平面圖 | 67 |
| (3) | 天花板骨節圖・天花板設備圖 | 68 |
| (4) | 縱向斷面圖 | 69 |
| (5) | 外部裝潢斷面圖 | 69 |
| (6) | 店內展開圖 | 70 |
| (7) | Y2路道展開圖 | 72 |
| (8) | 流水作業場展開圖 | 73 |

## 事例3 畫廊飯店『Arcadia』

| | | |
| --- | --- | --- |
| (1) | 路線(path)(外部裝潢・內部裝潢) | 75 |
| (2) | 計畫平面圖 | 76 |
| (3) | 天花板骨節圖・天花板設備圖 | 77 |
| (4) | 外部裝潢展開圖 | 78 |
| (5) | 餐具室展開圖 | 79 |
| (6) | 客室展開圖 | 80 |
| (7)-1 | 廚房展開圖 | 81 |
| (7)-2 | 廚房展開圖 | 82 |

## 事例4 基本詳細圖例（參考圖）

| | | |
| --- | --- | --- |
| | | 84 |
| | | 85 |
| (1) | 輕鐵隔房牆詳細圖 | 86 |
| (2) | 輕鐵軸組詳細圖 | 87 |
| (3) | 輕鐵軸組開口部底材詳細圖 | 87 |
| (4) | 餐具室斷面圖 | 87 |
| (5) | 使用火苗部位、廚房罩(天蓋)之設置斷面圖 | 87 |
| (6)-1 | 廚房置(天蓋)之構造 | 88 |
| (6)-2 | 使用火苗部位・廚房置(天蓋)之設置斷面圖 | 88 |
| (7) | 飲茶・快餐之櫃檯席詳圖 | 88 |
| (8) | 俱樂部・酒吧之櫃檯席詳圖 | 88 |
| (9) | 飯店之櫃檯席詳圖 | 88 |
| (10) | 壽司店之櫃檯席詳圖(A) | 89 |
| (11) | 壽司店之櫃檯席詳圖(B) | 89 |
| (12) | 大廈內店舖・和室之斷面圖 | 90 |
| (13) | 混凝土平板之榻榻米地板詳圖 | |
| (14) | 入口四周 鋁門窗詳圖 | |

# 3: 設計事例

---

## 設計事例－1　食處『吉國』

出租店舖索引

| 出租店舖號碼 | | 圖書提出日　　　　年　　月　　日 | |
|---|---|---|---|
| 店名 | | 圖書之內容　內部裝潢設計圖書．承認圖．竣工圖 | |
| 租店公司名 | | 設計者名 | |
| 住址 | | 住址 | |
| 代表人姓名 | 印 | 代表人姓名 | 印 |
| 承辦人姓名 | 印 | 承辦人姓名 | 印 |
| TEL<br>FAX | | TEL<br>FAX | |
| 內部裝潢統括室 | | | |
| 受理日期　　　年　　月　　日 | | 確認印章 | |

01　　封面

「食處吉國」內部裝潢設計圖文

| 作成日期 | 承認印 | 設計公司名 | 承辦者確認 | 設計圖文號碼 |
|---|---|---|---|---|

### 計劃之概要

此餐廳原本座落於溫泉街中，是某觀光旅館之快餐及飲茶部門，但經營一方於進行地域之市場調查及掌握現狀之結果，由於其周邊出現可舉辦國際會議般之大型觀光旅館、且於收容客數及服務方面，當地之旅館及飯店難以對抗，因此，就地域整體而言，日漸形成競爭之激烈化。是以，理所當然的，此旅館必須展開與大型飯店之營業政策不同之『新的事業』，因此，去除至今觀光飯店所使用之宴會場所及遊樂中心等寬廣之空間，以轉用為客房，並進行大改造、形成近似於商務旅館之型態，對象設定為攜帶家眷之觀光客或到地方出差之生意人。有關費用方面，所採取的政策是將減少之用人支出費用回饋給顧客，使顧客有賓至如歸之感。

於餐廳方面，若僅止於供應住宿之顧客、則只有早餐與晚餐，無法提高生產性，因此對於地區之上班族或全面利用道路之來往顧客，必須積極地採取招徠之政策。

### 平面構成

(1)店頭須具備提昇導入效果之階段機能及足以讓觀光客外帶之商品販賣可能空間，藉以平衡店頭之空出空間。

(2)為避免前方道路產生之塵埃及冬季突然刮起的風，必須準備除風室。

(3)桌席之構成

桌席基本上是以四人為一席，若顧客為1～2人，則儘可能請其利用櫃檯之桌面，藉著主客間相互之自由談天，發覺出顧客之需求，並提供話題及觀光之資訊。

(4)營業政策上，可設定地域之集會利用及攜家帶小等小集團（12～15名、25～30名）之樂會利用，設置出可對應此之個別房間。

(5)有關於廚房室方面，得移動客房側之區劃壁，設定對營業面積比約為25%左右。

企求洗淨線之能率化，包括既設廚房器具之再利用在內，檢討整體之器具配置與作業性，食品室機能在與廚房之對應、待客服務之對應與距離、收銀櫃管理等之作業性方面，正計劃其位置與空間

(6)WC雖是與旅館顧客一起兼用，衛生設備器具為既存之使用，但內部裝潢精加工部份則為新設。

### 03-1　設計之概要書

面積分配

| 旅館之營業面積 | 165.67㎡ |
|---|---|
| 入口 | 8.42㎡ |
| 客室 | 70.52㎡ |
| 和室 | 22.50㎡ |
| 走廊 | 12.24㎡ |
| 餐具、食品室 | 12.60㎡ |
| 廚房室 | 41.20㎡ |
| WC | 10.43㎡ |

客席之構成

| 桌席 | 4人 | 4桌 | 16位 |
|---|---|---|---|
| 桌席 | 2人 | 1桌 | 2位 |
| 櫃檯桌面 | | 1台 | 14位 |
| 和室、座式桌 | 4人 | 4桌 | 16位 |
| 座式桌 | 2人 | 4桌 | 8位 |
| 合計 | | | 56位 |

## 02 圖面一覽表

| 整理號碼 | 圖面名 | 圖面變更、修正、圖面改版之有無 | 圖文頁號碼 |
|---|---|---|---|
| 01 | 封面 | | |
| 02 | 圖面一覽表 | | |
| 03-1 | 設計之概要 | | |
| 03-2 | 顧客層之圖像 | | |
| 03-3 | 商品（菜單）之圖像 | | |
| 03-4 | 設施設計圖像 | | |
| 04-1 | 外部裝潢之圖像方針（Imagine path） | | |
| 04-2 | 店內客席之圖像方針 | | |
| 04-3 | 店內客席之圖像方針 | | |
| 04-4 | 和室之圖像方針 | | |
| 05 | 加工潤飾表 | | |
| 06 | 店舖配置圖 | | |
| 07 | 計劃平面圖 | | |
| 08 | 地板精加工圖 | | |
| 09 | 隔間牆區劃區 | | |
| 10-1 | 天花板骨節圖 | | |
| 10-2 | 天花板設備相關圖 | | |
| 11-1 | 廚房器具配置圖 | | |
| 11-2 | 廚房器具一覽表 | | |
| 11-3 | 廚房器具擺設圖 | | |
| 12 | 外部裝修立面圖 | | |
| 13-1 | 客室展開圖 | | |
| 13-2 | 客室展開圖 | | |
| 13-3 | 餐具食品室、客室、通路展開圖 | | |
| 13-4 | 和室、客室、餐具食品室展開圖 | | |
| 13-5 | 和室、廚房展開圖 | | |
| 13-6 | 廚房展開圖 | | |
| 14-1 | 入口詳細平面圖 | | |
| 14-2 | 客室詳細平面圖 | | |
| 14-3 | 和室詳細平面圖 | | |
| 14-4 | 外部、入口詳細斷面圖 | | |
| 14-5 | 櫃檯桌面詳細圖 | | |
| 14-6 | 收銀櫃檯CT、和室入口、其他詳細圖 | | |
| 14-7 | 記號、商業門簾詳細圖 | | |
| 15-1 | 照明配置圖 | | |
| 15-2 | 照明器具一覽表 | | |
| 15-3 | 照明器具擺設圖 | | |
| 16 | 電線插座配置圖 | | |
| 17 | 通信、音響、電視設備圖 | | |
| 18 | 空調、換氣設備圖 | | |
| 19 | 給排水、瓦斯設備圖 | | |
| 20-1 | 緊急用燈、誘導燈設備圖 | | |
| 20-2 | 火警報知器設備圖 | | |
| 20-3 | 排煙設備圖 | | |

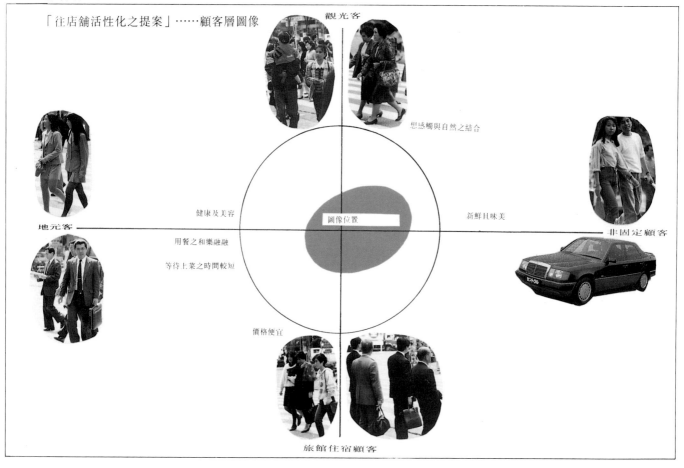

「往店舖活性化之提案」……顧客層圖像

觀光客

想感觸與自然之結合

健康及美容

圖像位置

新鮮且味美

地元客

用餐之和樂融融

等待上菜之時間較短

非固定顧客

價格便宜

旅館住宿顧客

03-2：顧客層之圖像

為設定來店之顧客，檢討有可能性之顧客層，可發現到：

(1)溫泉街……觀光客

(2)大道兩旁……利用車輕之非固定顧客

(3)地域……當地顧客（居住者及通勤者）

(4)固定顧客……旅館住宿之顧客

其中，旅館住宿顧客為固定顧客，有關於當地顧客方面，可從其總對數中，經由自店之佔有率而掌握數值。

此旅館之情況，從大道兩旁、溫泉街入口之條件來看，必須採取積極之諸對策，亦即觀光客與利用車輛之非固定顧客，以此為主要客層者。

(4)用餐之和樂融融…店內空間之演出
　　　　　　　　　　服務之品質
　　　　　　　　　　桌面擺飾之魅力

(5)價格便宜…適合於其地域之菜單單價

等對應此之菜單構成及價格之設定。包括以日式餐點為中心之迷你會席膳、和食便當、特餐菜單、麵類、及獨特燻製川魚之特性的菜單等，另外，還加入中華菜單與西洋菜單的一部份，以決定菜單之範圍與深淺。

03-3：菜單之圖像

若依賴客層之設定，來發掘其需求，則可進行：

(1)想感觸與自然之結合…料理之視覺性演出
　　　　　　　　　　　　店內之空間演出

(2)想品嚐其土地之鄉土料理…傳統性料理
　　　　　　　　　　　　　　原味料理

(3)新鮮與美味之追求…菜料之新鮮度
　　　　　　　　　　　調理技術

03-4：設計圖像

位於附近之大規模旅館裡包括有西式餐廳，且面向大道旁（road-side）也有幾家牛排館，全都是西洋式的形象（Imagine）。此旅館於設定顧客層之需求方面，是以日式餐點菜單為主體，以原味菜單之開發做為對應之方向。因此，店舖設計是統一於不包含重大裝備之『民藝調、和風』上。且是以『從外部直接易於利用之導入部』及『開放性店舖構造』做為店舖更新之主要重點。

## 03-3 商品(菜單)之圖像

「往店舖活性化之提案」……菜單圖像

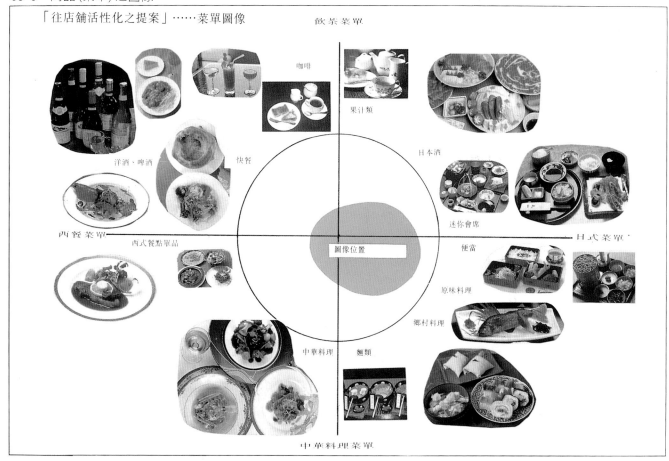

飲茶菜單
咖啡
果汁類
日本酒
迷你會席
便當
原味料理
鄉村料理
洋酒‧啤酒
快餐
西餐菜單
西式餐點單品
圖像位置
日式菜單
中華料理
麵類
中華料理菜單

## 03-4 設施設計之圖像

「往店舖活性化之提案」……設計圖像

高級化
現代和風
純和風(日式)
自然化
古典化
現代(摩登)化
西式化
圖像位置
民藝曲調
和風(日式)化
日常化
日西折衷
大眾化

## 04-1 外部裝潢之圖像方針

## 04-2 店內客席之圖像方針

04-3　店內客席之圖像方針 (Imagine Path)

04-4　和室之圖像方針

# 加工潤飾表

| | 工程名 | | 現場 | | | 西元　年　月　日 | |
|---|---|---|---|---|---|---|---|
| 工程區分 | | 地板 | 地板高度 | 型芯頭 | 壁面 | 天花板 | 天花板高度 |
| 1 | 外部裝潢 | 200角窯動變式瓷磚貼附 | +-0 | 200角窯動變式瓷磚貼附 | 腰高：200角動變式瓷磚貼著　上壁：色精氨酸(Lysine)噴著　附柱類：米松材加工．OS染色．米光澤 | 屋頂：鋪瓦．底材柳安木積層板附米松煉合板　柱．樑：幕板材．米松材加工 OSCL　看板：米松材加工．OSCL | 屋頂棟高4550　天花板高度2700 |
| 2 | 藥品櫥窗 | 櫥窗內：米松合板OSCL | +852 | 200角窯變式瓷磚貼附 | 櫥窗內：桁架(Cross)貼附 | 櫥窗內：12tPB紋地．拎油灰。AEP塗附 | 櫥窗內 FL-CH2150 |
| 3 | 除風室 | 200角窯變式瓷磚貼附 | +852 | 彩色鋁門窗 | 彩色鋁門窗：附自動門　八米重玻璃FIX | 12tPB紋地．拎油灰 AEP塗裝 | FL-CH2700 |
| 4 | 一般客席 | 450角×3米厘 花崗聚氧乙稀合成樹脂瓷磚貼附 | +852 | 150×21米松材加工 OSCL | 腰壁：米松合板貼附．OSCL　上壁：12厚PB砂紋Cross貼附 | 12tPB紋地．拎油灰 AEP塗裝 | FL-CH2700 |
| 5 | 大桌席 | 木鋪板貼附 | +852 | 150×21米松材加工 OSCL | 腰壁：12厚PB砂紋桁架(Cross)貼附．OSCL　上壁：圖標樣(Cross)貼附 | 12tPB紋地．拎油灰 AEP塗裝 | FL-CH2700 |
| 6 | 和室 | 木造地板\榻榻米鋪設 | +1102 | 榻榻米鑲木細工 | 腰部位：米松合板貼附柱．壁上橫木　兩柱間橫板米松材加工．OSCL　壁部份：12厚PB．砂紋桁架(Cross)貼附 | 不燃板摸拌米松煉結之天花板　一部份的桁架貼附 | FL-CH2450 |
| 7 | 餐員食品室 | 450角×3米厘 花崗聚氧乙稀合成樹脂瓷磚貼附 | +852 | 150×21米松材加工 OSCL | 柱．上橫木．兩柱間橫板類米松材加工 OSCL　櫃部份：不鏽鋼加工　壁部份：12厚PB塑膠桁架(Cross)貼附 | 12tPB紋地．拎油灰 AEP塗裝 | FL-CH2700 |
| 8 | 廚房 | 防水灰泥．彩色固著漿 | +752 | 100角．磁器瓷磚貼附 | 100角．磁器瓷磚貼附 | 9米重厚FB．紋地拎油灰．OP塗裝 | FL-CH2800 |
| 9 | 客人用廁所 | 已設瓷磚之原狀 | +802 | 已設瓷磚之原狀 | 已設瓷磚之原狀 | 12tPB紋地．拎油灰 AEP塗裝 | FL-CH2400 |
| 10 | 從業員WC | 防水灰泥．50角磁器瓷磚貼附 | -30 | 100角磁器瓷磚貼附 | 腰部位：100角磁器瓷磚貼附 | 12tPB紋地．拎油灰 VP塗裝 | FL-CH2400 |
| 11 | 事務室 | 450角×3米厘 花崗聚氧乙稀合成樹脂瓷磚貼附 | +852 | 100H軟毛芯頭 | 塑膠桁架貼換 | 12tPB紋地．拎油灰 | FL-CH2700 |
| 12 | | | | | | | |

配置圖

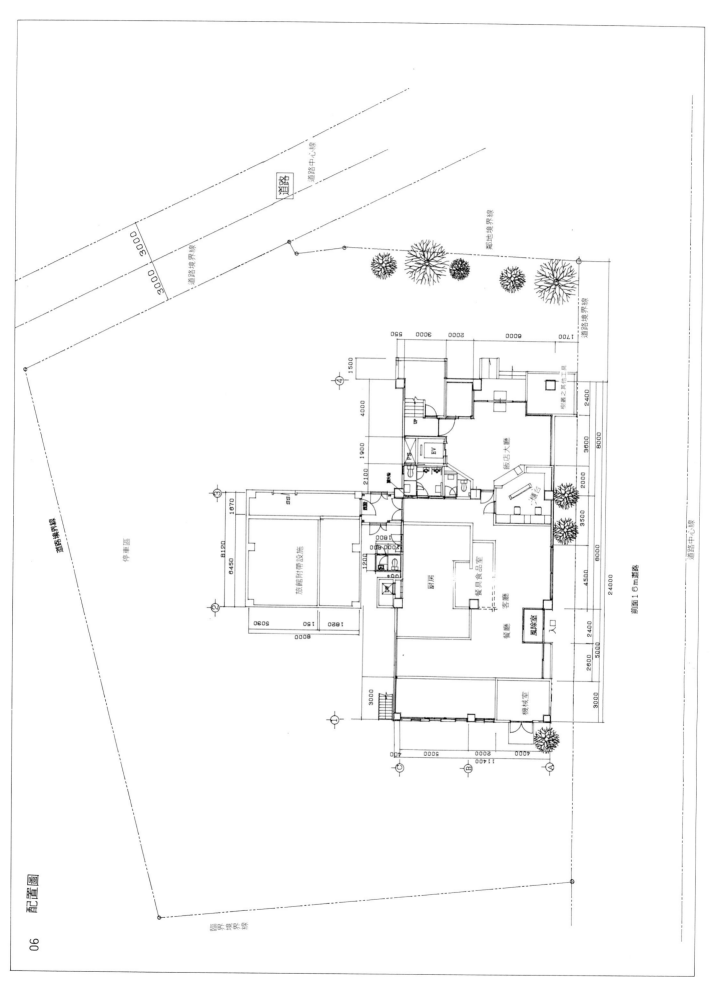

道路

道路中心線

道路境界線

道路中心線

道路境界線

停車場

道路境界線

臨界境界線

邻地境界線

道路境界線

旅館附帶設施

廚房

餐具食品室

餐廳

客廳

風呂室

機械室

入口

前面16m道路

飯店古大膳

器置之其他工具

EV

SS

道路中心線

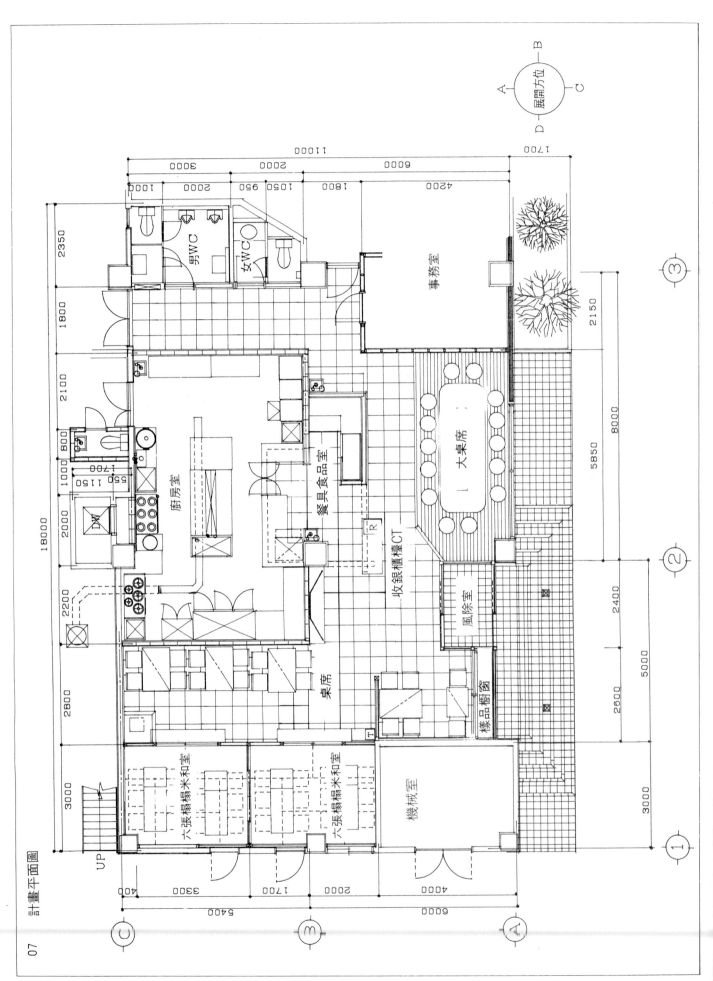

計畫平面圖

男WC
女WC
事務室
廚房室
餐具食品室
收銀櫃檯CT
大桌席
風除室
桌席
樣品櫥窗
六張榻榻米和室
六張榻榻米和室
機械室
UP
DW
R
T

展開方位

07

20

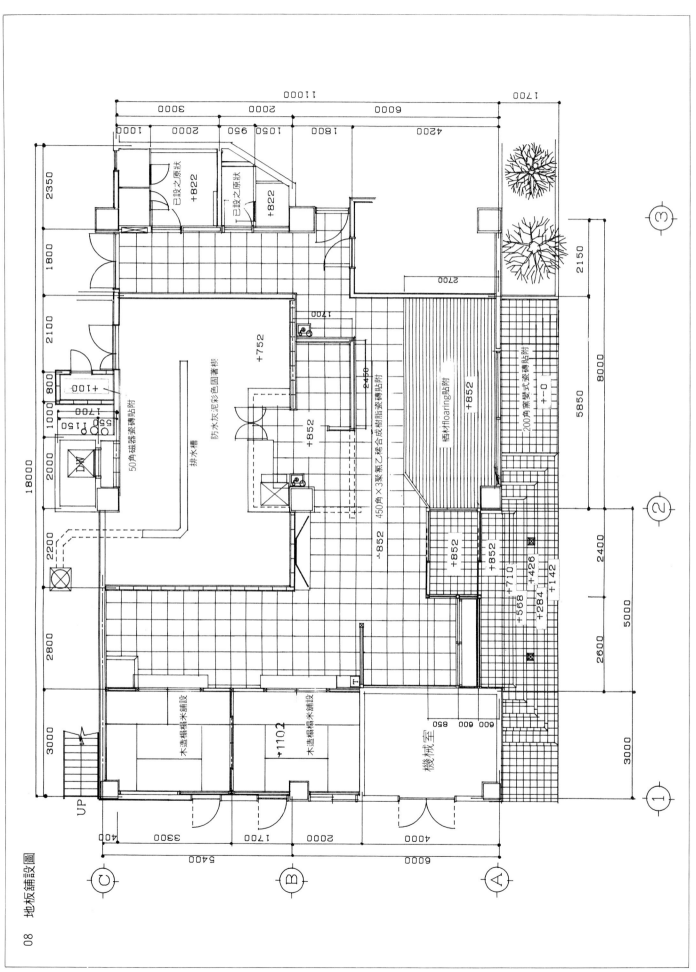

08 地板鋪設圖

21

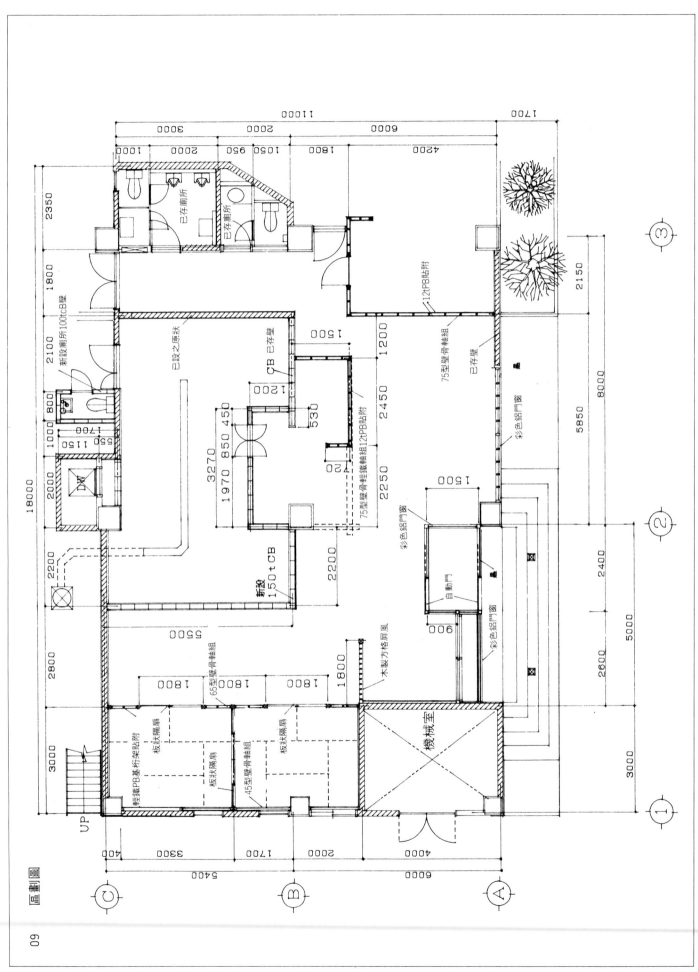

區劃圖

09

22

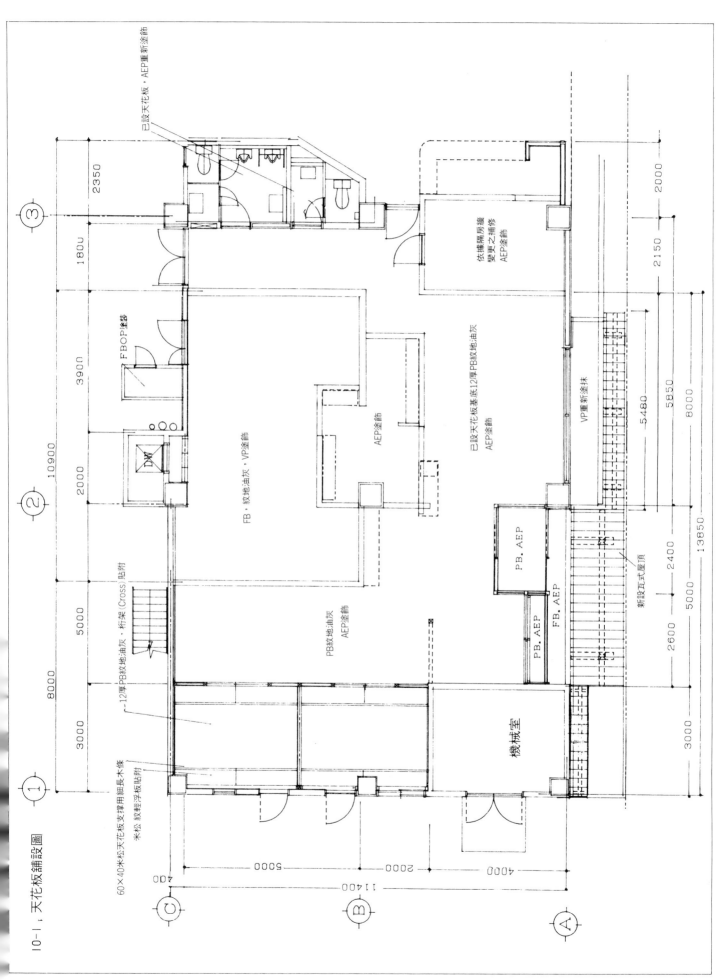

10-1, 天花板鋪設圖

已設天花板、AEP重新塗飾

60×40米松天花板支撐用細長木條
米松 紋輕浮板貼附

12厚PB紋地油灰・桁架(Cross)貼附

FBOP塗裝

FB・紋地油灰・VP塗飾

PB紋地油灰 AEP塗飾

依據隔房牆 變更之補修 AEP塗飾

已設天花板基底12厚PB紋地油灰 AEP塗飾

AEP塗飾

VP重新塗抹

PB.AEP

FB.AEP

PB.AEP

PB.AEP

機械室

新設瓦式屋頂

23

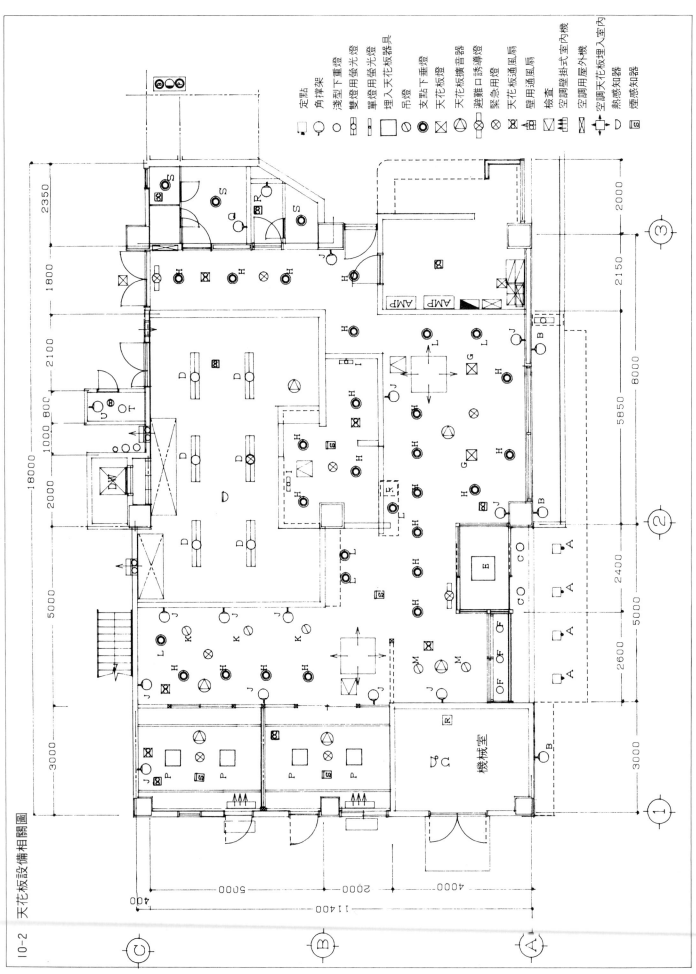

10-2　天花板設備相關圖

24

圖例：
定點　角撐架　淺型下重燈　雙燈用螢光燈　單燈用螢光燈　埋入天花板器具　吊燈　支點下垂燈　天花板燈　天花板擴音器　避難口誘導燈　緊急用燈　天花板通風扇　壁用檢查　空調壁掛式室內機　空調用屋外機　空調天花板埋入室內　熱感知器　煙感知器

機械室
AMP
DW

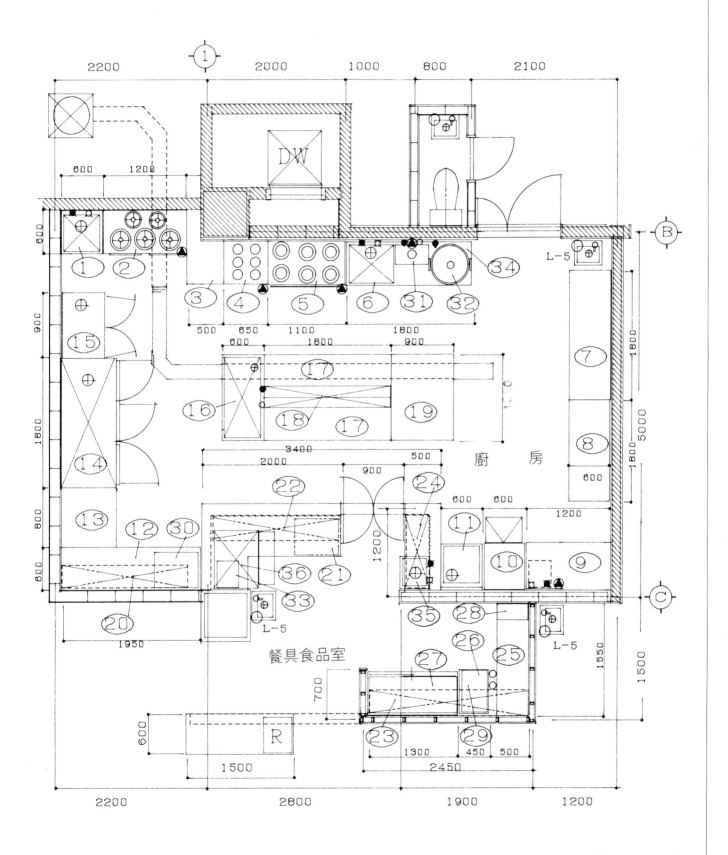

廚　房

餐具食品室

## 廚房器具一覽表

| NO | 器具名稱 | 尺寸 | | | 台數 | 供水 ✕ | 熱水 ✕ | 排水 ⊕ | 罩子 ☂♀ | 瓦斯 | 電氣 單相200 | 電氣 單相100 | 電氣 3相200 | Kcal |
|----|---------|------|------|------|------|--------|--------|--------|---------|------|------|------|------|------|
| | | W | D | H | | | | | | | | | | |
| ① | 一槽洗滌盆 | 600 | 600 | 800 | 1 | 15 | 15 | 40 | | | | | | |
| ② | 瓦斯流理石 | 1200 | 600 | 800 | 1 | | | | 32A | ○ | | | | 59000 |
| ③ | 工作台 | 500 | 600 | 800 | 1 | | | | | | | | | |
| ④ | 煮麵器 | 650 | 600 | 800 | 1 | 15 | 15 | 40 | 13∅ | ○ | | | | 12000 |
| ⑤ | 小鍋菜飯瓦斯桌 | 1100 | 600 | 800 | 1 | | | | 20A | ○ | | 200ᵂ | | 14000 |
| ⑥ | 附台之一槽洗滌盆 | 1800 | 600 | 800 | 1 | 15 | 15 | 40 | | | | | | |
| ⑦ | 餐具櫥櫃 | 1800 | 600 | 2100 | 1 | | | | | | | | | |
| ⑧ | 餐具櫥櫃 | 1800 | 600 | 2100 | 1 | | | | | | | | | |
| ⑨ | 清理桌 | 1200 | 620 | 800 | 1 | | | | | | | | | |
| ⑩ | 餐具洗淨機 | 600 | 620 | 1300 | 1 | 15 | | 40 | 15A | | | | 1.25ᴷᵂ | |
| ⑪ | 固體台 | 600 | 620 | 800 | 1 | | | 40 | | | | | | |
| ⑫ | 工作台 | 1950 | 600 | 800 | 1 | | | | | | | | | |
| ⑬ | 工作台 | 800 | 800 | 800 | 1 | | | | | | | | | |
| ⑭ | 冷凍冷藏庫 | 1800 | 800 | 1750 | 1 | | | 40 | | | | | 0.75ᴷᵂ | |
| ⑮ | 冷藏庫 | 900 | 600 | 1720 | 1 | | | 40 | | | | 0.6ᴷᵂ | | |
| ⑯ | 船型污水槽 | 1200 | 600 | 800 | 1 | 15 | 15 | 40 | | | | | | |
| ⑰ | 工作台 | 1800 | 600 | 800 | 2 | | | | | | | | | |
| ⑱ | 上櫥櫃：附玻璃門 | 1800 | 350 | 900 | 1 | | | | | | | | | |
| ⑲ | 工作台 | 1200 | 900 | 800 | 1 | | | | | | | | | |
| ⑳ | 吊櫥 | 1800 | 350 | 600 | 1 | | | | | | | | | |
| ㉑ | 集塵箱 (dust box) | 400 | 400 | 600 | 2 | | | | | | | | | |
| ㉒ | 吊櫥 | 1500 | 350 | 600 | 1 | | | | | | | | | |
| ㉓ | 吊櫥 | 2100 | 350 | 900 | 1 | | | | | | | | | |
| ㉔ | 吊櫥 | 1400 | 350 | 600 | 1 | | | | | | | | | |
| ㉕ | 工作台 | 1400 | 500 | 800 | 1 | | | | | | | | | |
| ㉖ | 啤酒服務台 | 450 | 600 | 800 | 1 | | | | | | | | | |
| ㉗ | 啤酒儲藏庫 | 1300 | 600 | 1160 | 1 | | | | | | | 280ᵂ | | |
| ㉘ | 咖啡製造機 | 280 | 350 | 380 | 1 | | | | | | | 1.5ᴷᵂ | | |
| ㉙ | 生啤酒服務台 | 360 | 550 | 800 | 1 | | | | | | | 200ᵂ | | |
| ㉚ | 電子烤箱 | 450 | 340 | 300 | 1 | | | | | | | 900ᵂ | | |
| ㉛ | 瞬間瓦斯沸水器 | 350 | 150 | 520 | 1 | 15 | 15 | | 20A | ○ | | | | 36000 |
| ㉜ | 瓦斯炊飯器 | 525 | 481 | 434 | 1 | | | | 13∅ | | | | | 9500 |
| ㉝ | 毛巾蒸煮器 | 438 | 280 | 350 | 1 | | | | | | | | | |
| ㉞ | 電子瓶 | 415 | | 396 | 1 | | | | | | | 84ᵂ | | |
| ㉟ | 服務洗滌盆 | 500 | 450 | 800 | 1 | 15 | 15 | 40 | | | | | | |
| ㊱ | 製冰機 | 800 | 630 | 950 | 1 | 15 | | 20 | | | | | | |

計

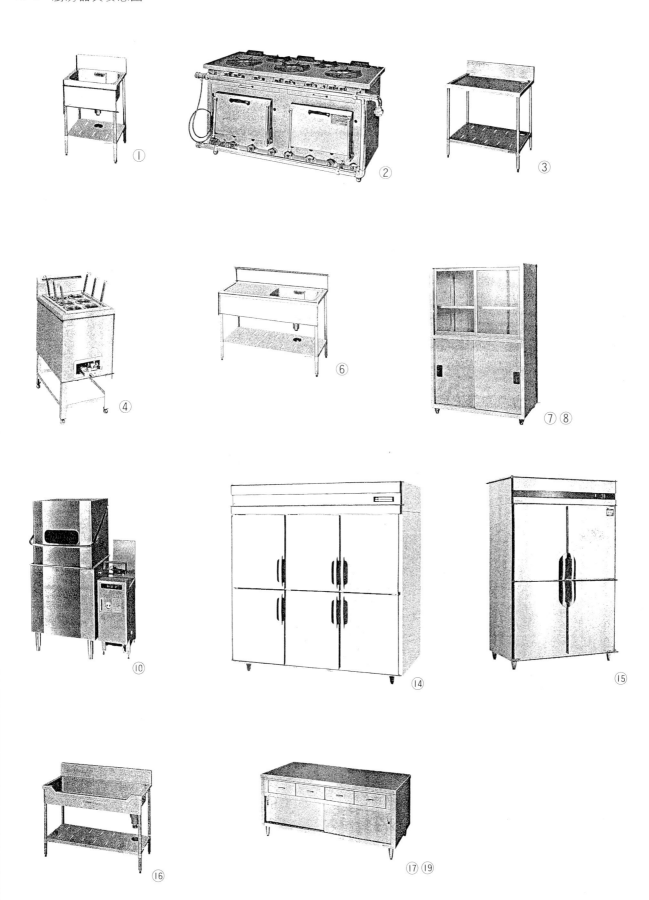

㉘

㉛

㉜

㉗

12　外部裝飾立面圖

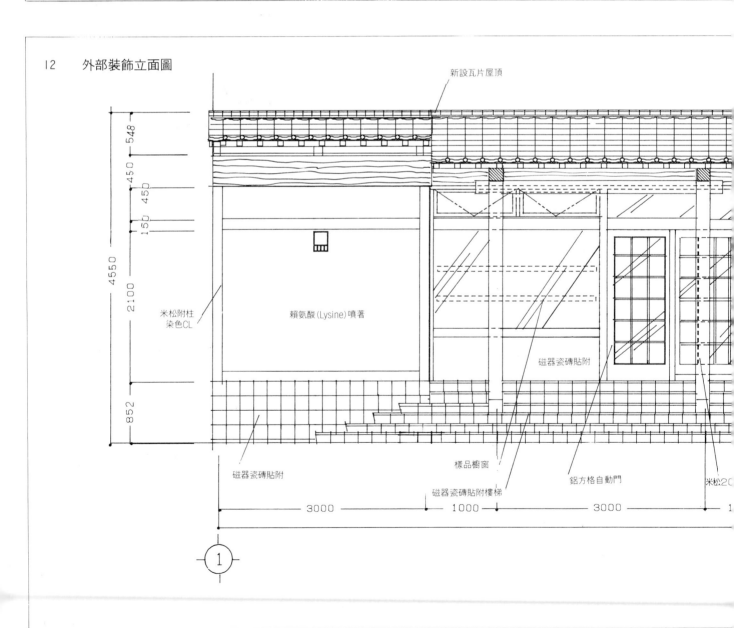

新設瓦片屋頂

548
450
450
150
4550
2100

米松附柱
染色CL

賴氨酸(Lysine)噴著

磁器瓷磚貼附

852

磁器瓷磚貼附

樣品櫥窗

磁器瓷磚貼附樓梯

鋁方格自動門

米松2C

3000　　　1000　　　3000

①

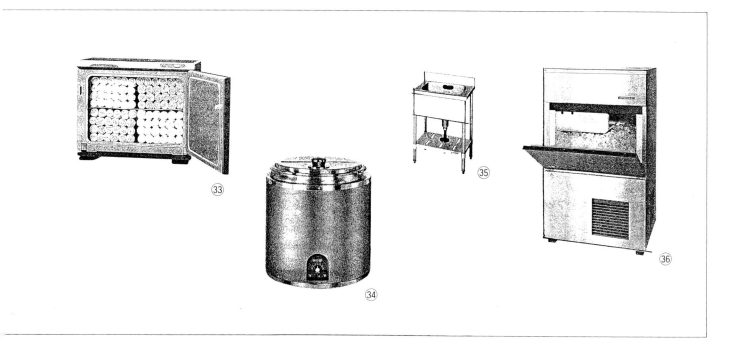

㉝ ㉞ ㉟ ㊱

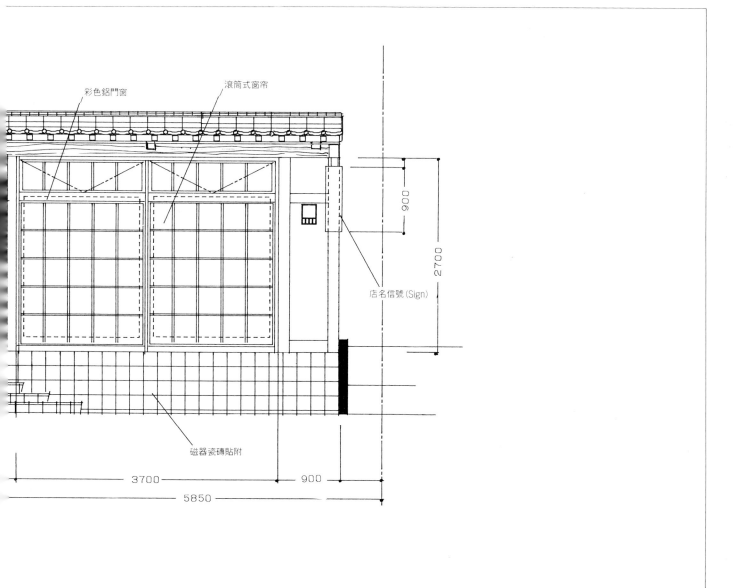

彩色鋁門窗　　　滾筒式窗帘

900

2700

店名信號 (Sign)

磁器瓷磚貼附

3700　　　900

5850

砂紋桁架(Cross)貼附

米松合板OSCL

附柱米松材OS

—— 5400 ——

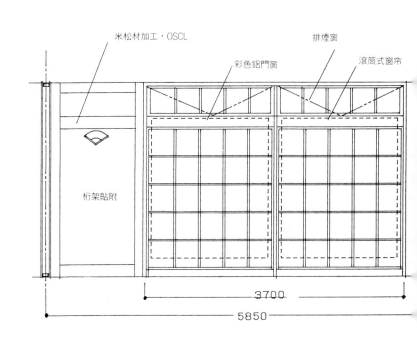

米松材加工,OSCL

排煙窗

彩色鋁門窗

滾筒式窗帘

桁架貼附

—— 3700 ——

—— 5850 ——

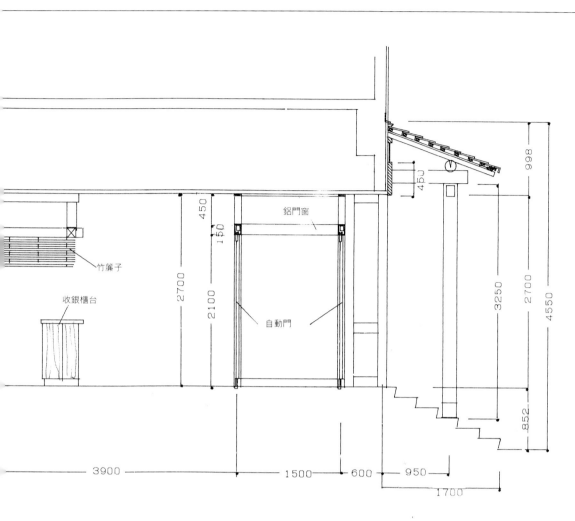

鋁門窗

竹簾子

收銀櫃台

自動門

450
150
2700
2100
998
450
3250
2700
4550
852

3900    1500    600    950
1700

客廳B面　展開圖

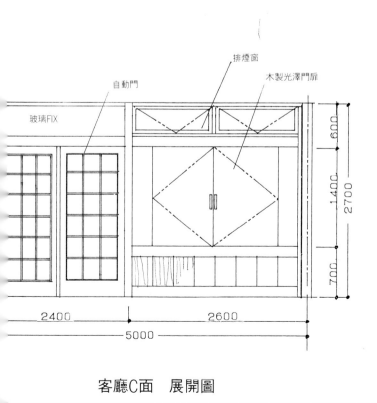

排煙窗

木製光澤門扉

自動門

玻璃FIX

600
1400
2700
700

2400    2600
5000

客廳C面　展開圖

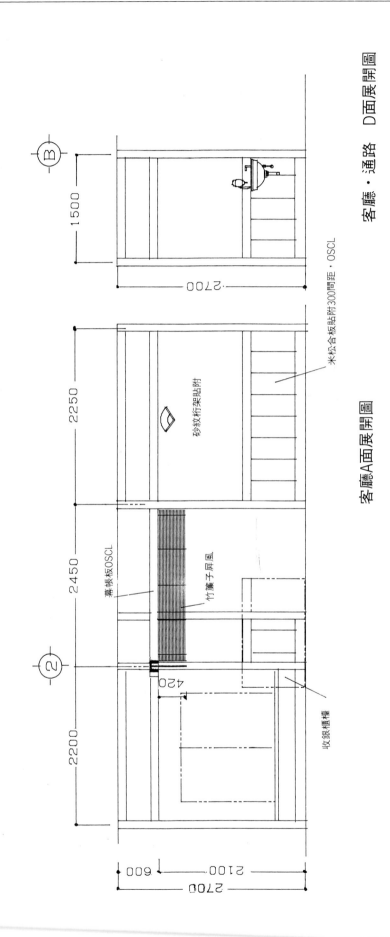

砂紋桁架貼附

米松合板貼附300間距・OSCL

幕帳板OSCL

竹簾子屏風

收銀櫃檯

客廳A面展開圖

客廳・通路 D面展開圖

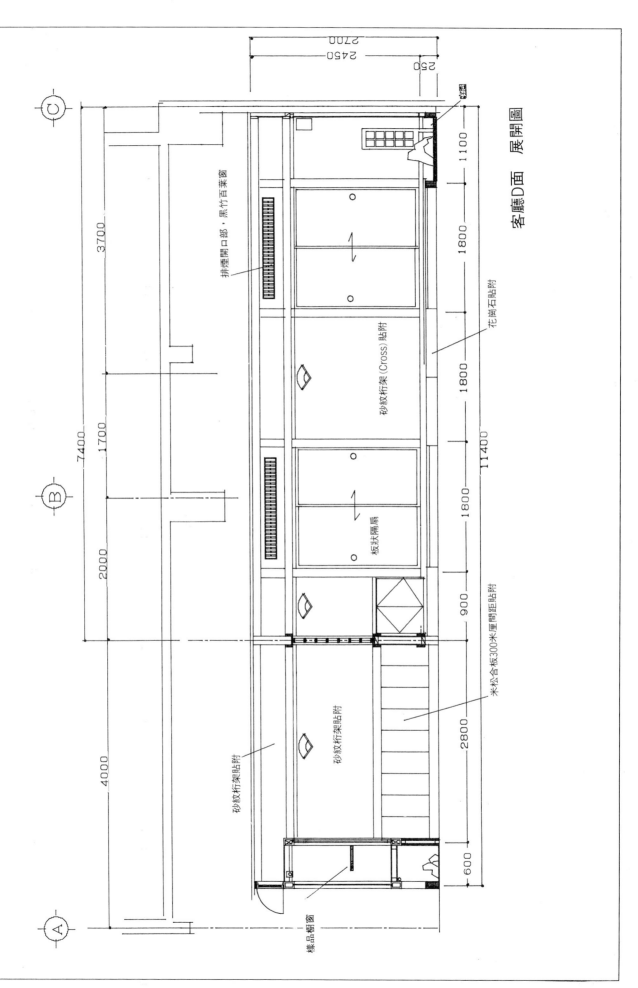

客廳D面　展開圖

排煙開口部，黑竹百葉窗

砂紋桁架（Cross）貼附

花崗石貼附

板狀隔扇

砂紋桁架貼附

砂紋桁架貼附

米松合板300米厘間距貼附

樣品櫃窗

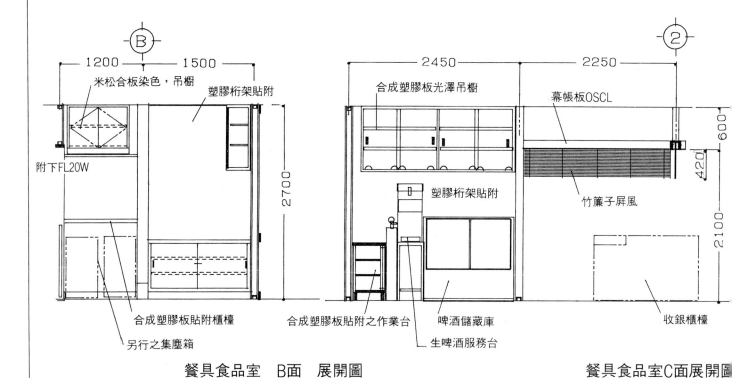

米松合板染色，吊櫥

塑膠桁架貼附

附下FL20W

2700

合成塑膠板貼附櫃檯

另行之集塵箱

餐具食品室　B面　展開圖

合成塑膠板光澤吊櫥

幕帳板OSCL

竹簾子屏風

600

420

2100

塑膠桁架貼附

合成塑膠板貼附之作業台

啤酒儲藏庫

生啤酒服務台

收銀櫃檯

餐具食品室C面展開圖

砂紋桁架貼附

事務室入口門扉
米松合板光澤

900

1800

2400

通路C面　展開圖

圖樣桁架（Cross）

1800

2700

900

米松合板貼附OSCL

4200

客廳　B面展開圖

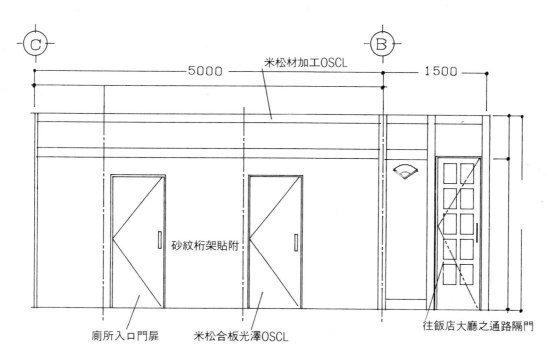

5000　米松材加工OSCL　1500

砂紋桁架貼附

廁所入口門扉　　米松合板光澤OSCL

往飯店大廳之通路隔門

通路　B面　展開圖

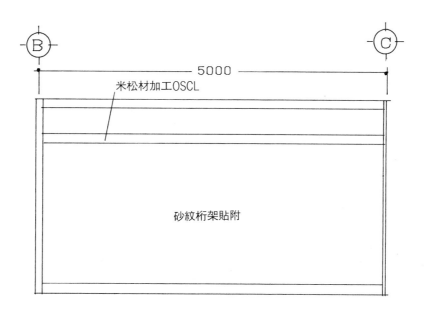

5000

米松材加工OSCL

砂紋桁架貼附

通路　D面　展開圖

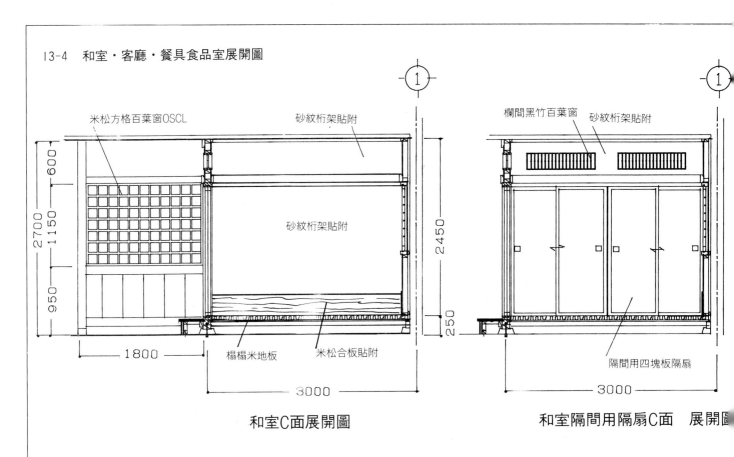

米松方格百葉窗OSCL
砂紋桁架貼附
砂紋桁架貼附
2700
600
1150
950
2450
250
1800
榻榻米地板
米松合板貼附
3000

和室C面展開圖

欄間黑竹百葉窗
砂紋桁架貼附
隔間用四塊板隔扇
3000

和室隔間用隔扇C面　展開圖

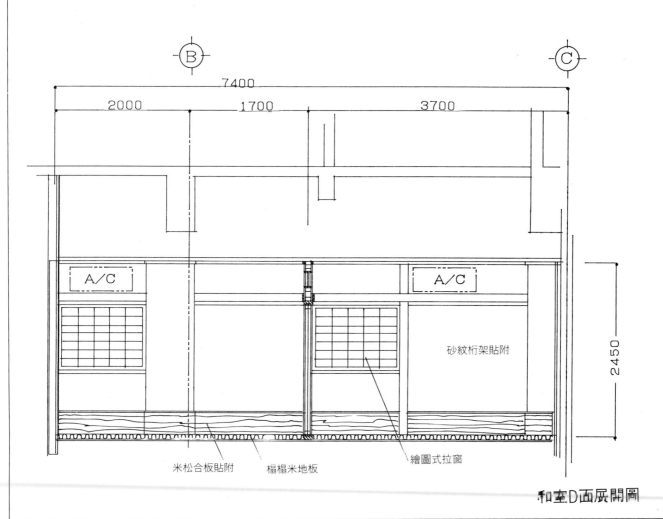

7400
2000
1700
3700
A/C
A/C
2450
米松合板貼附
榻榻米地板
繪圖式拉窗
砂紋桁架貼附

和室D面展開圖

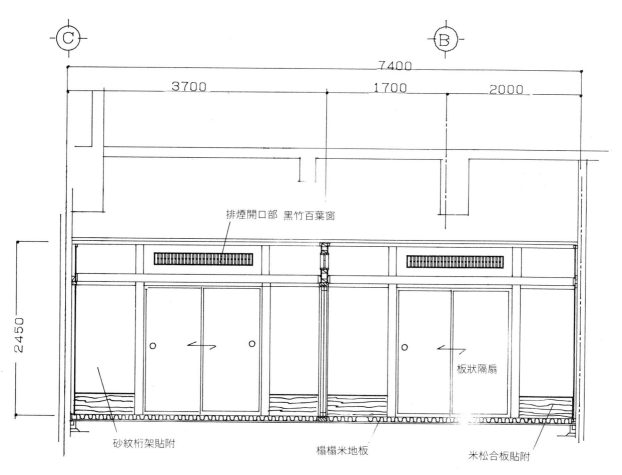

C B

7400

3700 1700 2000

排煙開口部 黑竹百葉窗

2450

板狀隔扇

砂紋桁架貼附　　　榻榻米地板　　　米松合板貼附

和室B面展開圖

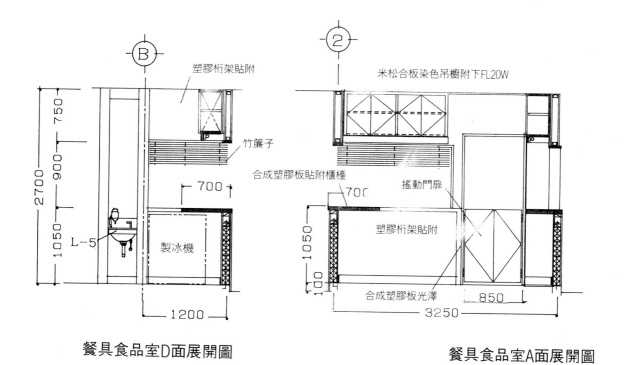

B

塑膠桁架貼附

竹簾子

2700 750 900 1050

合成塑膠板貼附櫃檯

700

L-5

製冰機

1200

餐具食品室D面展開圖

2

米松合板染色吊櫥附下FL20W

搖動門扉

700

1050 100

塑膠桁架貼附

合成塑膠板光澤

850

3250

餐具食品室A面展開圖

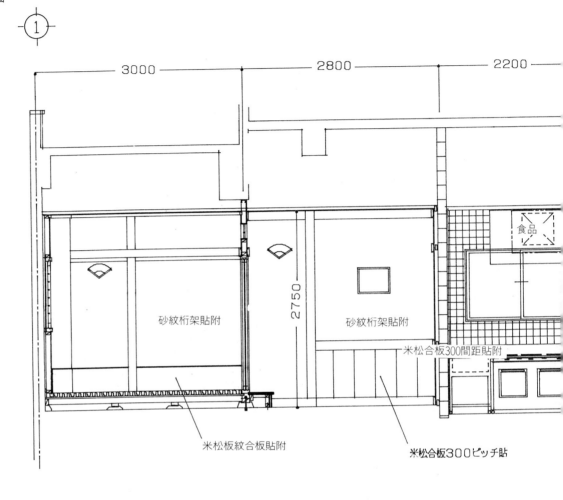

3000　　2800　　2200

2750

食品

砂紋桁架貼附

砂紋桁架貼附

米松合板300間距貼附

米松板紋合板貼附

米松合板300ピッチ貼

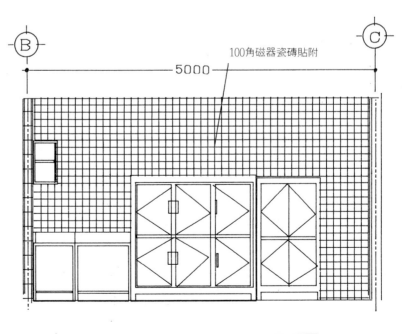

100角磁器瓷磚貼附

5000

廚房D面展開圖

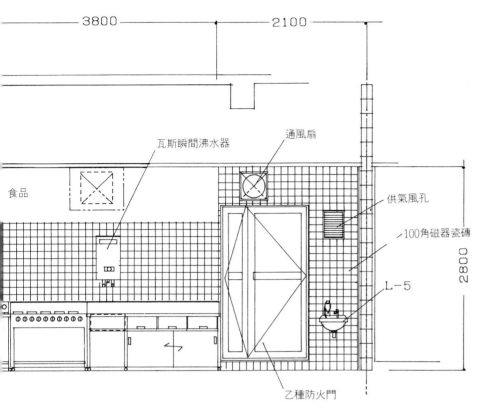

和室・客席・廚房A面　展開圖

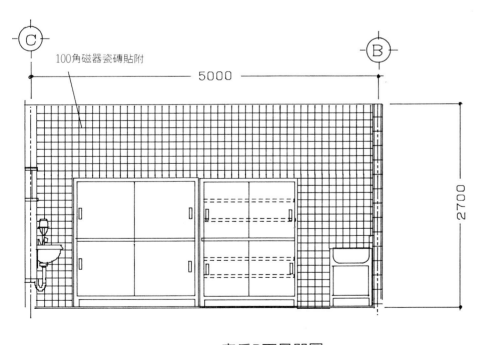

廚房B面展開圖

## 13-6 廚房展開圖

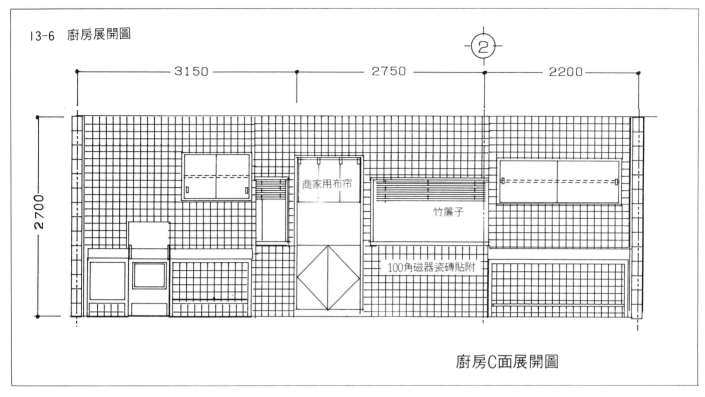

商家用布帘
竹簾子
100角磁器瓷磚貼附
2700
3150 2750 2200
②

廚房C面展開圖

## 14-1 入口詳圖

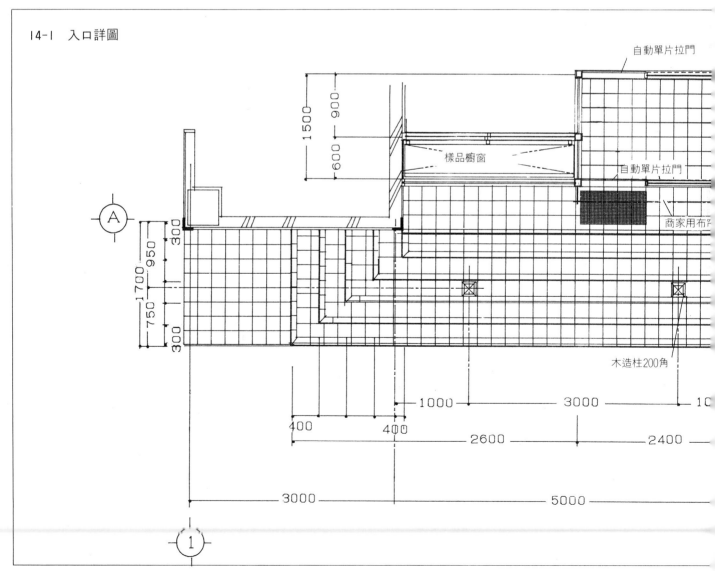

自動單片拉門
樣品櫥窗
自動單片拉門
商家用布帘
木造柱200角
1500 900 600
A
300 950 1700 750 300
1000 3000 1
400 400
2600 2400
3000 5000
①

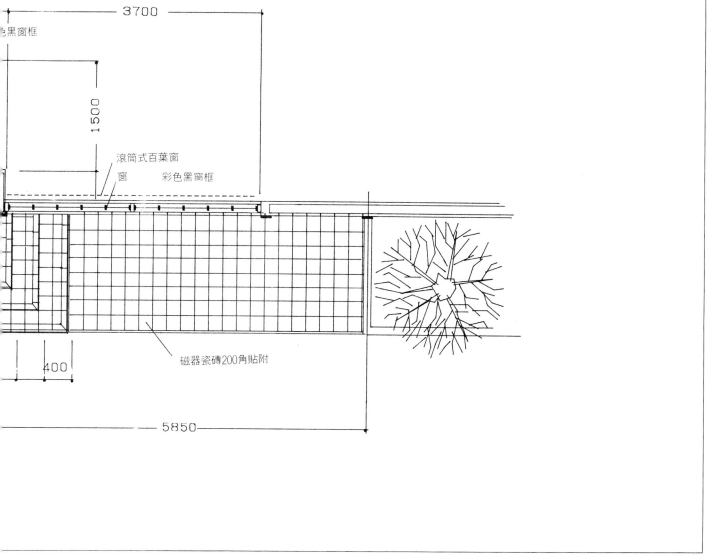

3700

色黑窗框

1500

滾筒式百葉窗
窗　　彩色黑窗框

磁器瓷磚200角貼附

400

5850

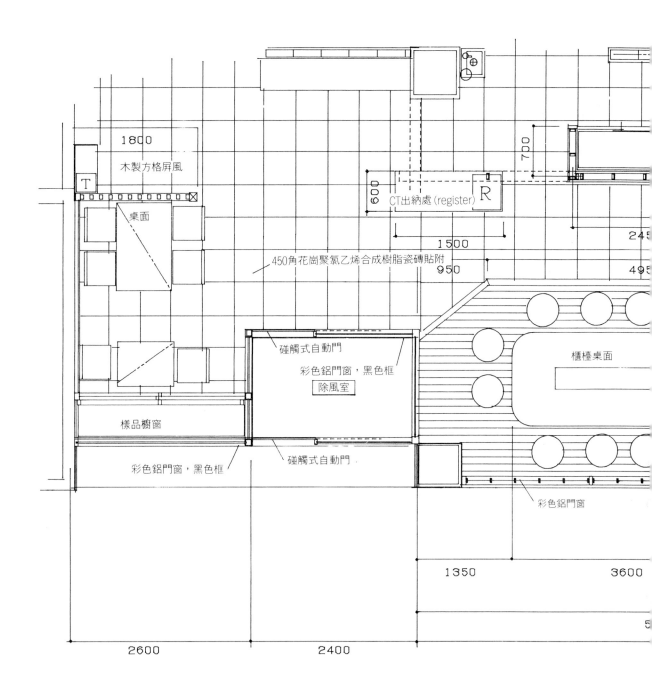

1800

木製方格屏風

T

桌面

CT出納處 (register)　R

600

700

450角花崗聚氯乙烯合成樹脂瓷磚貼附

1500

950

245

495

碰觸式自動門

彩色鋁門窗，黑色框

除風室

櫃檯桌面

樣品櫥窗

彩色鋁門窗，黑色框

碰觸式自動門

彩色鋁門窗

1350

3600

2600

2400

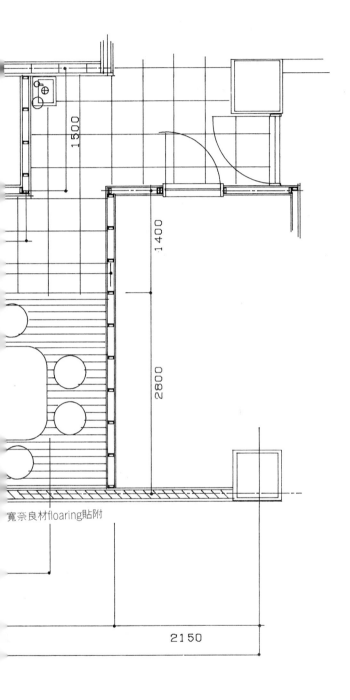

寛奈良材floaring貼附

1500

1400

2800

2150

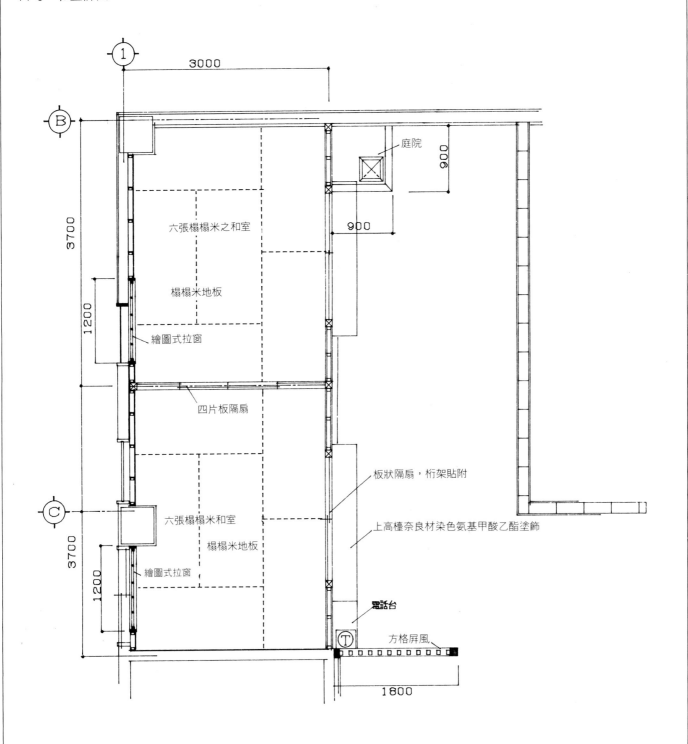

六張榻榻米之和室

榻榻米地板

繪圖式拉窗

四片板隔扇

六張榻榻米和室

榻榻米地板

繪圖式拉窗

庭院

板狀隔扇，桁架貼附

上高檯奈良材染色氨基甲酸乙酯塗飾

電話台

方格屏風

3000

900

900

3700

1200

3700

1200

1800

14-4 外部・入口詳細斷面圖

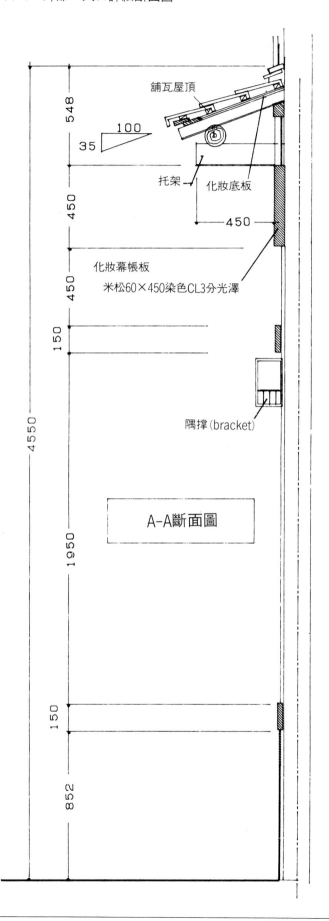

鋪瓦屋頂

100
35

托架　　化粧底板

450

化粧幕帳板
米松60×450染色CL3分光澤

隅撐(bracket)

A-A斷面圖

548
450
450
150
4550
1950
150
852

45

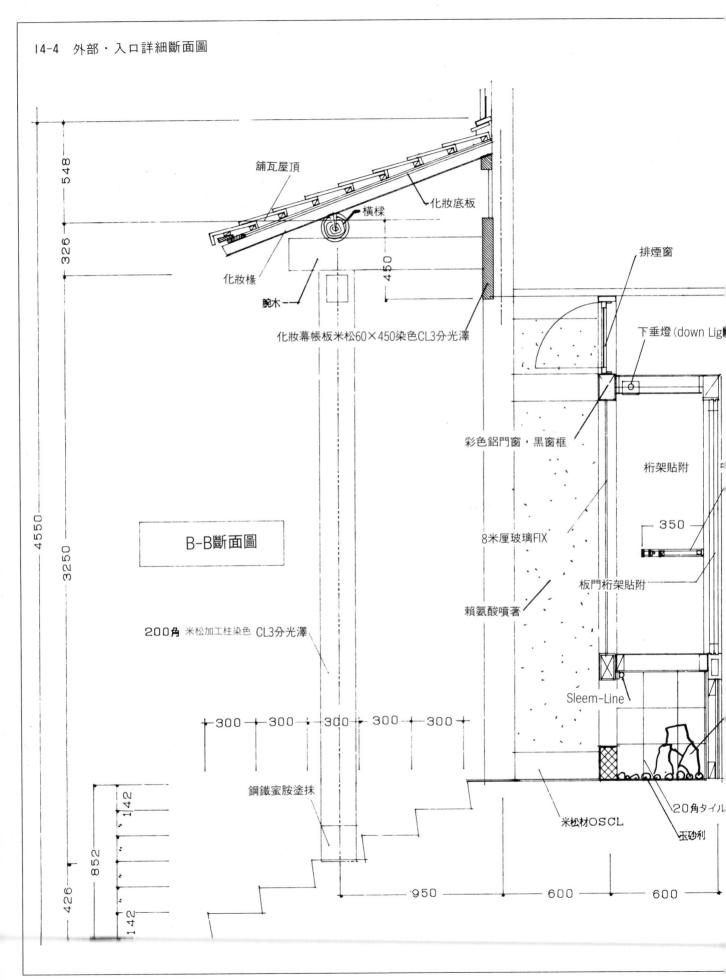

舖瓦屋頂

化妝底板

橫樑

化妝椽

腕木

化妝幕帳板米松60×450染色CL3分光澤

排煙窗

下垂燈 (down Lig

彩色鋁門窗，黑窗框

桁架貼附

350

8米厘玻璃FIX

板門桁架貼附

賴氨酸噴著

B-B斷面圖

Sleem-Line

200角 米松加工柱染色 CL3分光澤

鋼鐵蜜胺塗抹

米松材OSCL

20角タイル

玉砂利

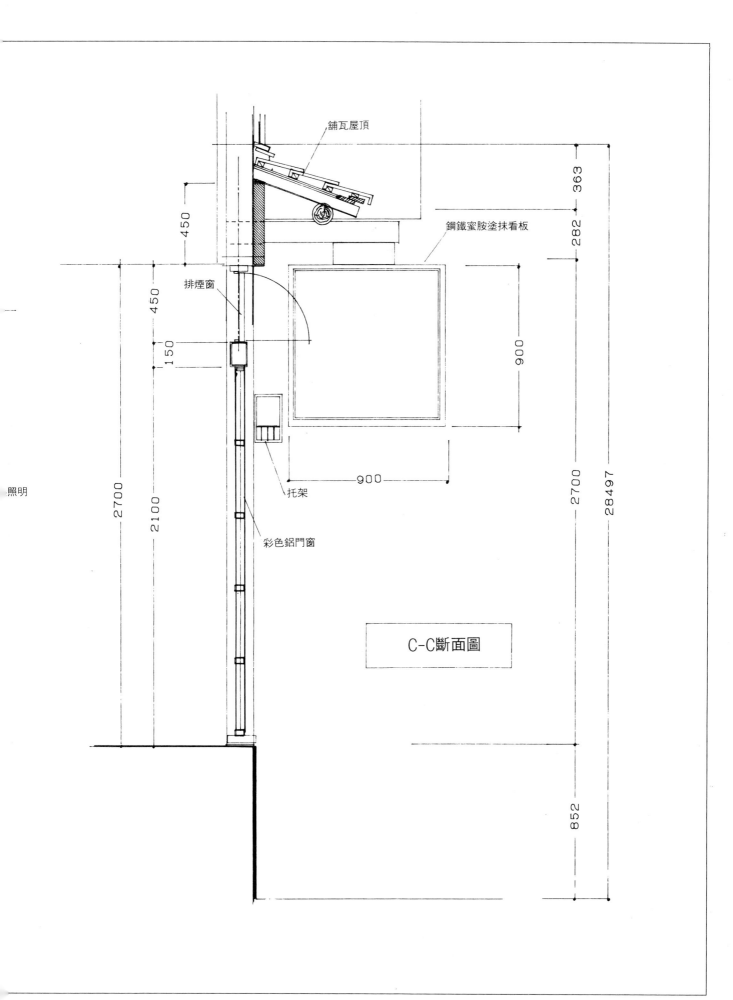

鋪瓦屋頂

鋼鐵蜜胺塗抹看板

排煙窗

托架

彩色鋁門窗

照明

450

450

150

2700

2100

900

900

363

282

900

2700

28497

852

C-C斷面圖

47

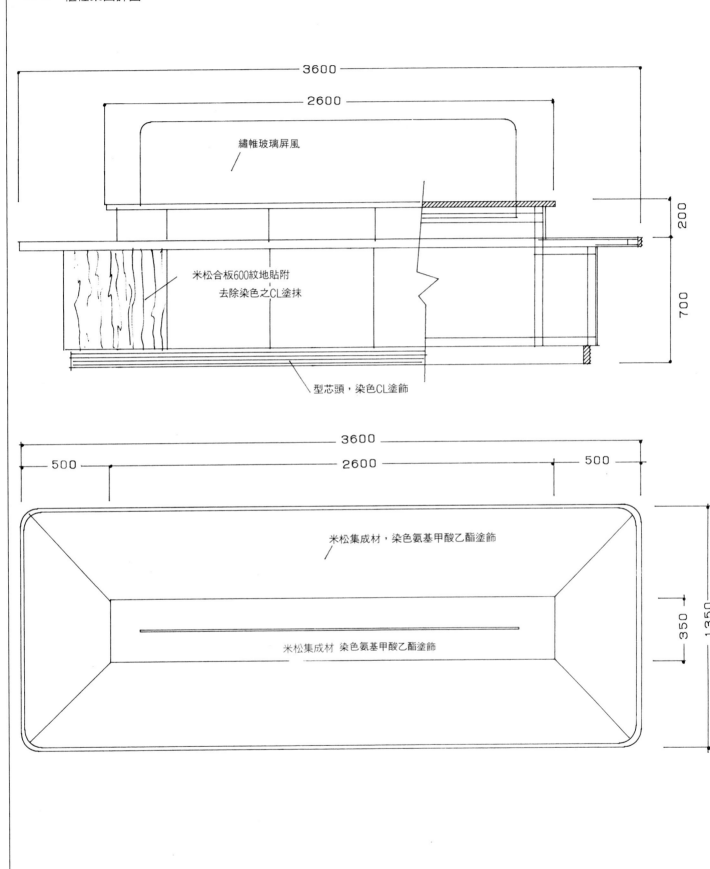

3600

2600

繡帷玻璃屏風

米松合板600紋地貼附
去除染色之CL塗抹

200

700

型芯頭，染色CL塗飾

3600

500　　　　　　　　2600　　　　　　　500

米松集成材，染色氨基甲酸乙酯塗飾

350　1350

米松集成材　染色氨基甲酸乙酯塗飾

14-5　櫃檯桌面詳圖

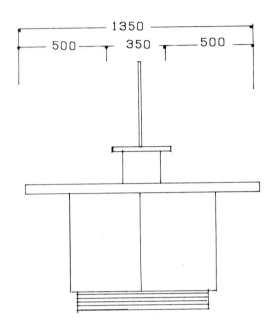

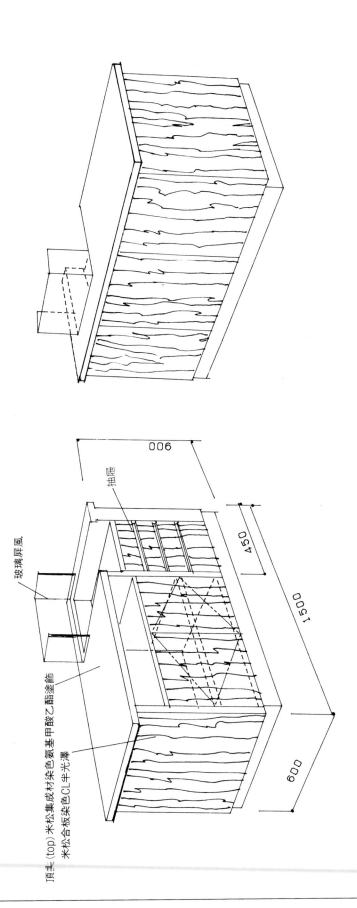

14－5　收銀櫃CT、和室入口及其他詳圖

頂主 (top) 米松集成材染色氨基甲酸基乙酯塗飾
米松合板染色CL半光澤

玻璃屏風

抽屜

006

450

1500

600

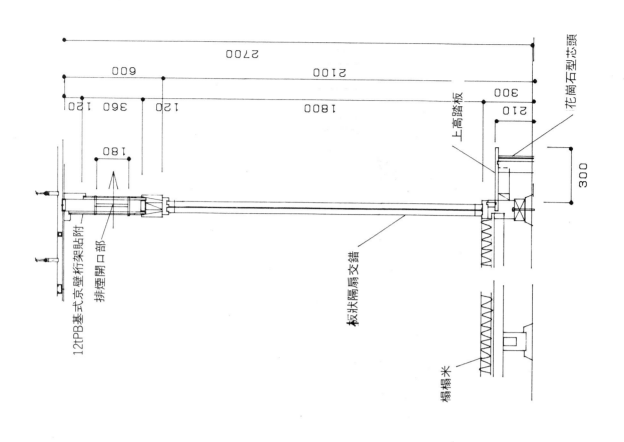

2700
600
2100
150 360 150
180
1800
300
210
300

12tPB基式京壁式桁架貼附
排煙開口部

上高踏板

板狀隔扇交錯

花崗石型忠頭

榻榻米

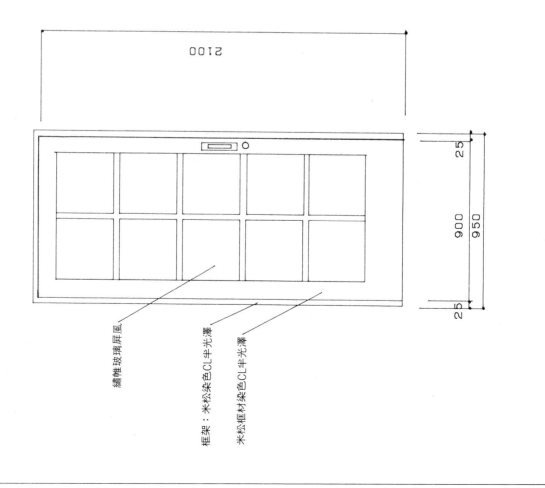

2100

25
900
950
25

繡帷玻璃屏風

框架：米松染色CL半光澤

米松框材染色CL半光澤

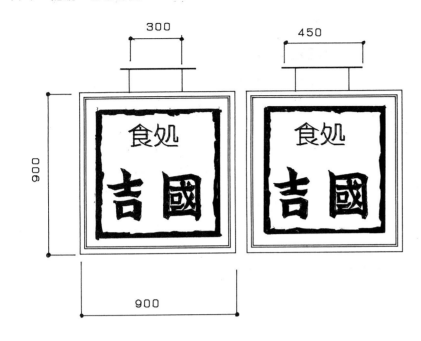

300

450

900

900

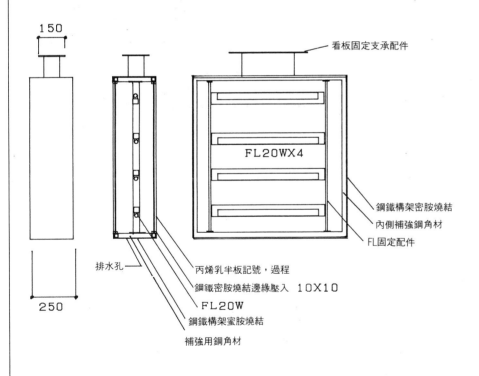

150

看板固定支承配件

FL20WX4

鋼鐵構架密胺燒結
內側補強鋼角材
FL固定配件

排水孔

丙烯乳牛板記號，過程
鋼鐵密胺燒結邊緣壓入 10X10
FL20W
鋼鐵構架蜜胺燒結
補強用鋼角材

250

食
処

吉

國

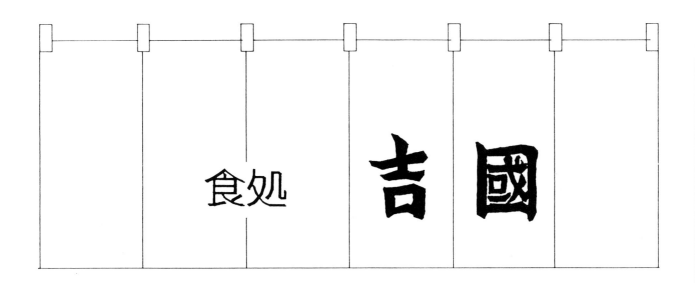

食処 吉國

食処
吉國

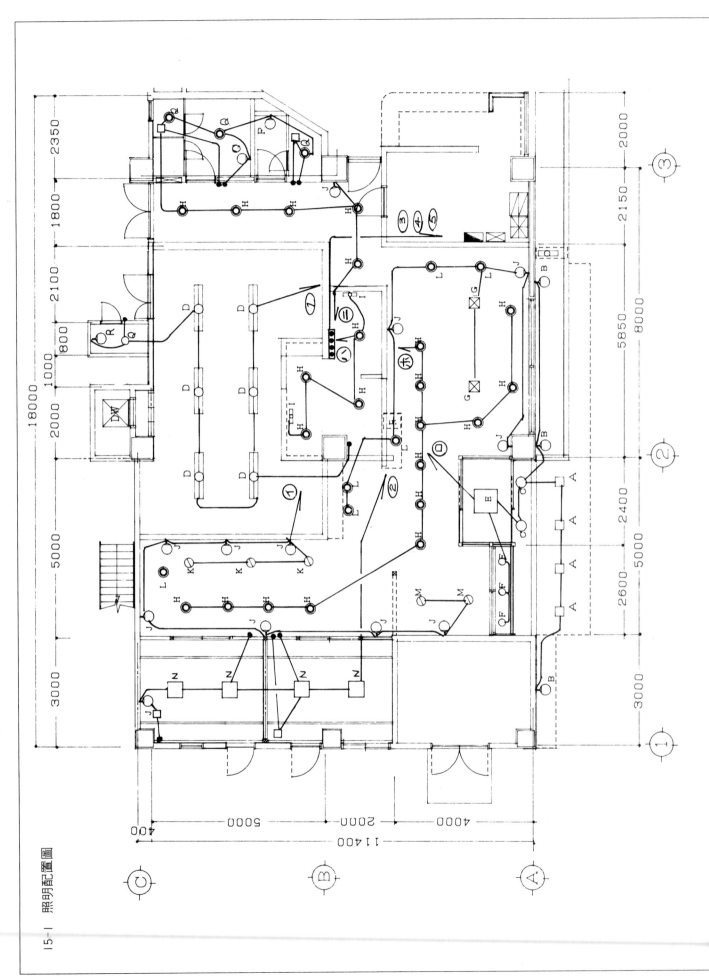

15-1 照明配置圖

54

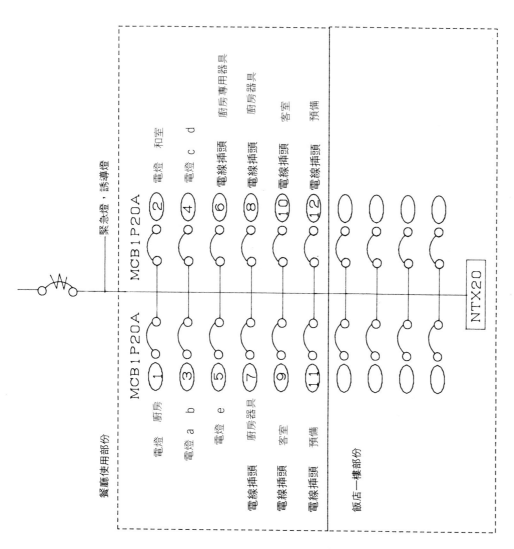

餐廳使用部份

MCB1P20A

緊急燈，誘導燈

MCB1P20A

①電燈 廚房　　　　　②電燈 和室
③電燈 a b　　　　　④電燈 c d
⑤電燈 e　　　　　　⑥電線插頭 廚房專用器具
⑦電線插頭 廚房器具　⑧電線插頭 廚房器具
⑨電線插頭 客室　　　⑩電線插頭 客室
⑪電線插頭 預備　　　⑫電線插頭 預備

飯店一樓部份

NTX20

已設分電盤之變更

# 照明器具機能一覽表

西元　年　月　日作成

| 記号 | 器具名 | 燈具 | 瓦數 | 個数 | 容量 | 廠商型號 | 特別記載事項 |
|---|---|---|---|---|---|---|---|
| A | 聚光燈 (Spot) | 高度亮光 | 100 | 4 | 400 | | |
| B | 托架 (bracket) 燈 | 普通燈球 | 60 | 3 | 180 | | |
| C | 下垂燈 | 普通燈球 | 66 | 2 | 120 | | |
| D | 螢光燈 | FL40WX2 | 80 | 6 | | | |
| E | 埋入器具燈 | FL20WX6 | 120 | 1 | | | |
| F | 下垂燈 | 迷你氪 (kr) | 60 | 3 | 180 | | |
| G | 天花板燈 | 普通燈球60X3 | 180 | 2 | 360 | | |
| H | 下垂燈 | ball燈球 | 60 | 22 | 1320 | | |
| I | 壁上燈 | 螢光燈 | 20 | 1 | | | |
| J | 托架燈 | 迷你球 | 40 | 12 | 480 | | |
| K | 吊燈 | 普通燈球 | 60 | 3 | 180 | | |
| L | 下垂燈 | 冷色亮光 | 100 | 6 | 600 | | |
| M | 吊燈 | 普通燈球 | 100 | 3 | 300 | | |
| N | 日式天花板燈 | 普通燈球60X2 | 120 | 4 | 480 | | |
| O | 托架燈 | FL20W | | 1 | | | |
| P | 托架燈 | 水雷球40X2 | 80 | 1 | | | |
| Q | 下垂燈 | ball球 | 60 | 1 | 60 | | |
| R | 下垂燈 | ball 球 | 60 | 1 | 60 | | |
| S | 天花板燈 | 迷你燈球 | 40 | 1 | 40 | | |
| T | | | | | | | |
| U | | | | | | | |
| | | | | | | | |
| | | | | | | | |
| | | | | | | | |
| | | | | | | | |
| | | | | | | | |
| | | | | | | | |
| | | | | | | | |
| | | | | | | | |
| | | | | | | | |
| | | | | | | | |
| | 合計 | | | | 5KW | | |

# 15-3 照明器姿態圖

## 照明器具一覽表

工事名稱　　　　現場　　　　西元　年　月　日

| NO | 器具名 | 燈具 | 個數 | NO | 器具名 | 燈具 | 個數 | NO | 器具名 | 燈具 | 個數 | NO | 器具名 | 燈具 | 個數 |
|---|---|---|---|---|---|---|---|---|---|---|---|---|---|---|---|
| A | 聚光燈 | | | B | 托架燈 | | | C F | 下垂燈 | | | E | 埋入燈具器 | | |
| G | 天花板燈 | | | H | | | | I | 譯燈 (Wall-Light) 壁燈 | | | J | 托架燈 | | |
| K | 吊燈 | | | L | 下垂燈 | | | M | 吊燈 | | | N | 天花板燈 | | |
| O | 托架燈 | | | P | 托架燈 | | | Q | 下垂燈 | | | R | 天花板燈 | | |

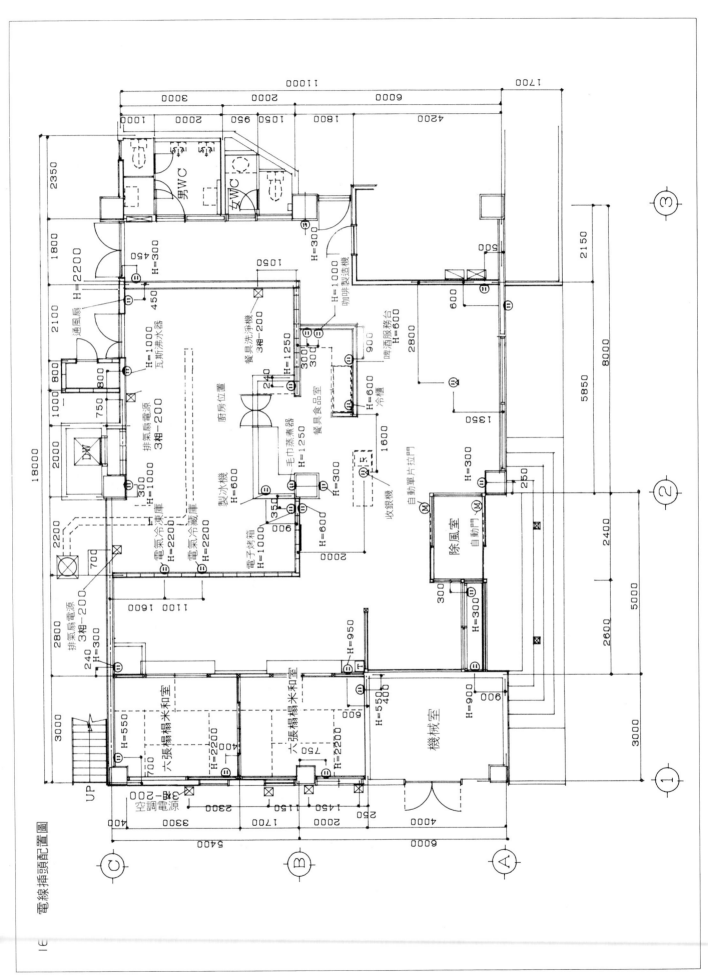

電線插頭配置圖

58

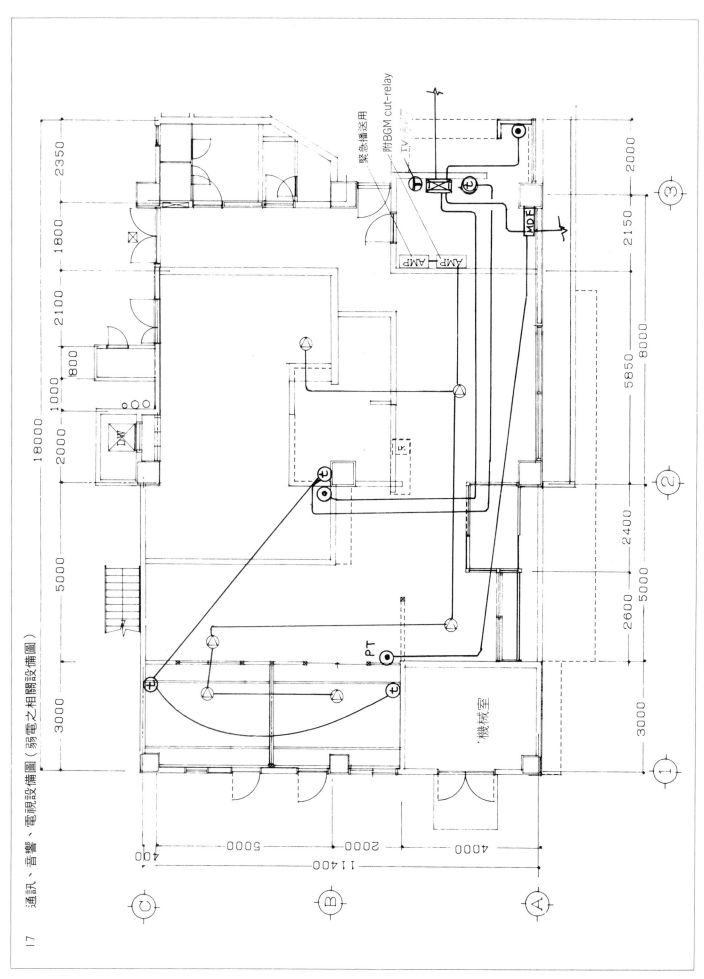

17　通訊、音響、電視設備圖（弱電之相關設備圖）

緊急播送用
附BGM cut-relay
T.V.

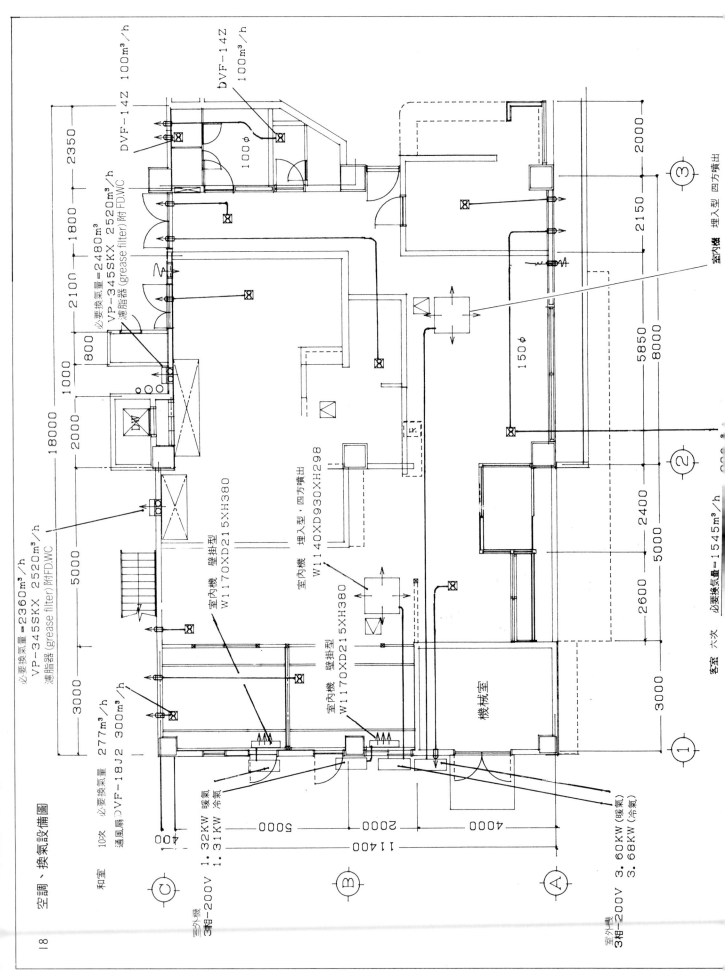

空調・換気設備圖

18

必要換氣量＝2360m³/h
VP-345SKX 2520m³/h
濾脂器（grease filter）附FDWC

和室　10次　必要換氣量　277m³/h
通風房 DVF-18J2 300m³/h

室內機　壁掛型
W1170XD215XH380

室內機　壁掛型
W1170XD215XH380

室內機　埋入型・四方噴出
W1140XD930XH298

必要換氣量＝2480m³
VP-345SKX 2520m³/h
濾脂器（grease filter）附FDWC

DVF-14Z 100m³/h
DVF-14Z 100m³/h
DVF-14Z 100m³/h

100φ

150φ

機械室

室內機　埋入型　四方噴出

客室　六次　必要換氣量＝1545m³/h

室外機
3相-200V 1.32KW 暖氣
1.31KW 冷氣

室外機
3相-200V 3.60KW（暖氣）
3.68KW（冷氣）

暖氣
冷氣

（暖氣）
（冷氣）

18000
2350
1800
2100
800
1000
2000
5000
3000

11400
5000
2000
4000

3000
2600
5000
2400
5850
8000
2150
2000

Ⓒ
Ⓑ
Ⓐ

①
②
③

400

60

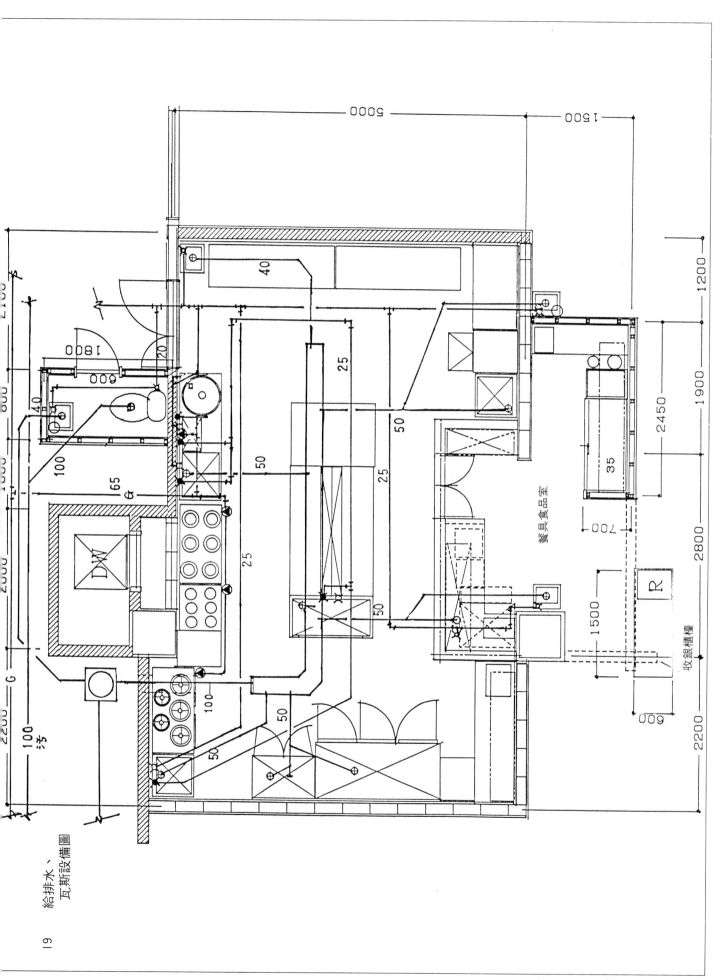

給排水、
瓦斯設備圖

19

61

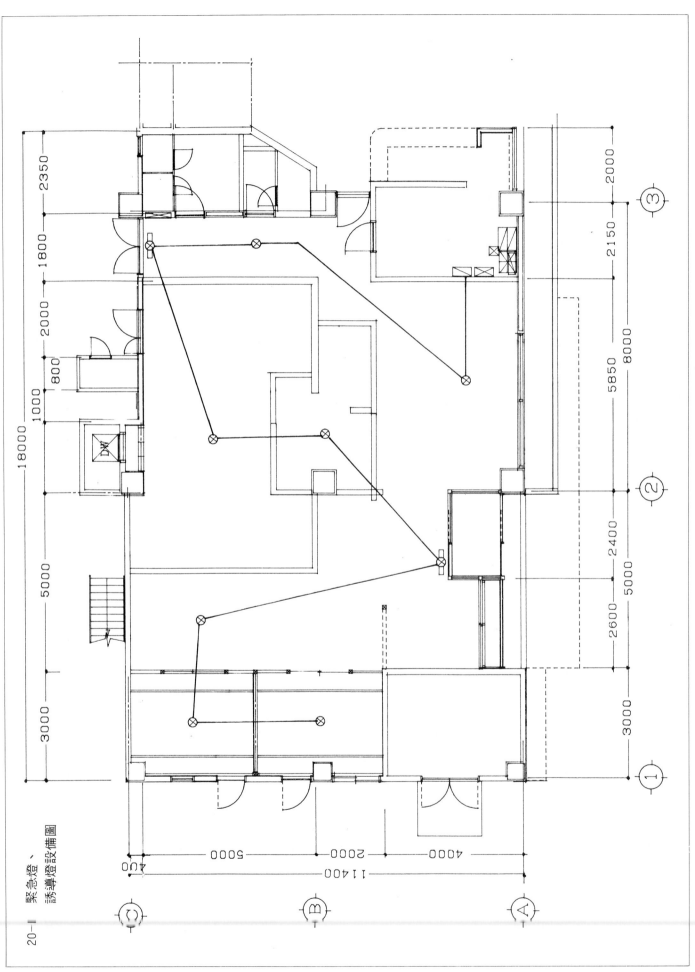

20―Ⅰ 緊急燈、
　　 誘導燈設備圖

62

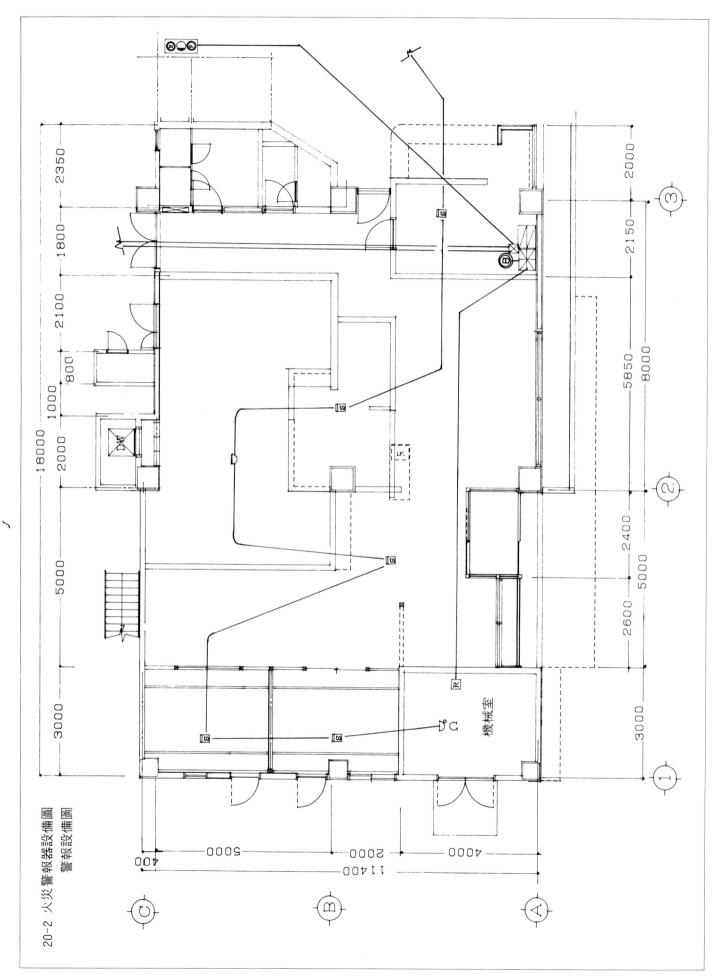

20-2 火災警報器設備圖
　　　警報設備圖

機械室

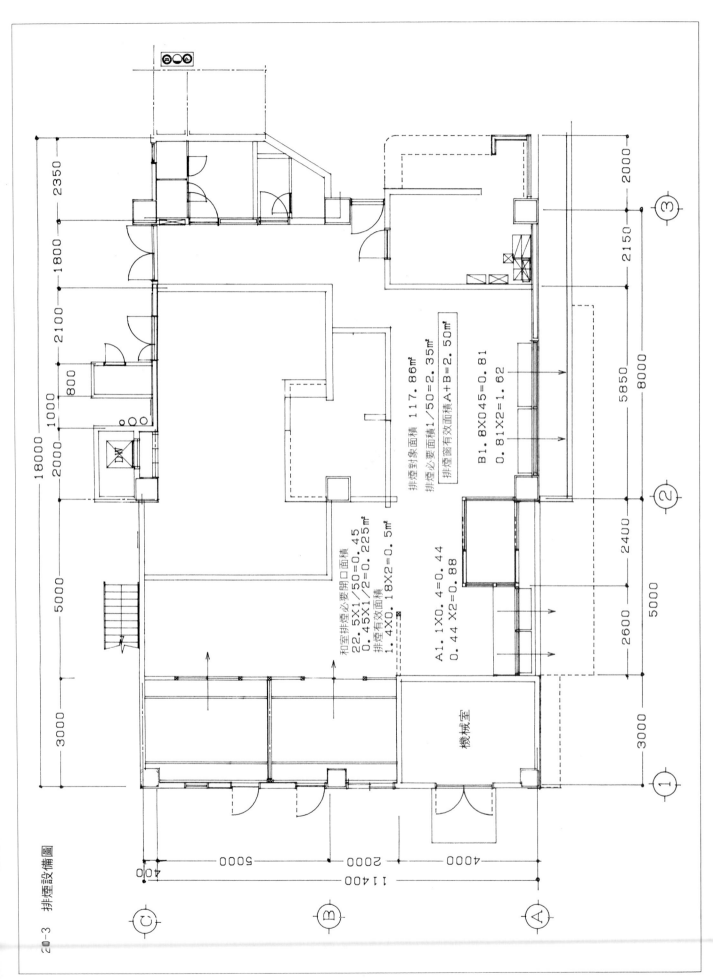

排煙設備圖

20-3

排煙對象面積 117.86㎡
排煙必要面積1/50=2.35㎡
排煙窗有效面積A+B=2.50㎡

B1.8X045=0.81
0.81X2=1.62

A1.1X0.4=0.44
0.44X2=0.88

和室排煙必要開口面積
22.5X1/50=0.45
0.45X1/2=0.225㎡
排煙有效面積
1.4X0.18X2=0.5㎡

機械室

DW

## 設計事例－2 裝飾品組合(Coordinate fashion)『Pre taload』

### 計劃之概要

位於城郊住宅區，人口漸增加之立地上，經營者基於買方之經驗，認為擁有的固定客户不少。以紳士之成人時髦為中心，所採取的型態是備齊紳士、婦女之正式服裝，以及諮詢販賣。鄰接於同一建築物中之店舖為『商談室風格之咖啡店』，除了於營業上相互提攜外，並藉由相乘效果以追求相互之利潤。就店舖之平面構成而言，是以店內前面的展示窗(Dis play-window)與垂簾廣告(hanger-display)機能為中心，配置有陳列架及細小附件箱，出入處則由於建築設備之關係，使得位置受到限制，一般是以門扉閉鎖之。裡面的層面(floor)是以依據垂簾(hanger)之陳列機能為中心，只配置有婚禮的展示台(Display-stage)及商談用傢俱之簡易空間。試穿室則感覺寬敞，不會讓客人有壓迫之感。

### 主要規格

與鄰接店舖共用空間之地板。以及店內前面樓層之地板貼有600角之大理石，藉由同一空間之圖像以提昇顧客導入之效果。店頭是以不鏽鋼窗框及扭絞式百葉窗區劃之，營業中則採取自由型態(open-style)。

店內地板：600角大理石，楢地板，地毯舖設

型芯頭：貼附大理石60×900

壁面：輕鐵軸組12tPB基底，AEP塗飾

裝修類：門框、窗框材楢染色，鏡面貼附，楢合板光澤染色

店舖什器、傢俱：楢材，楢合板加工染色氨基甲酸乙酯

**面積分配：**

| | |
|---|---|
| 合計 | ：98.56㎡ |
| 日常便服（前） | ：40.50㎡ |
| 正式服裝（後） | ：38.90㎡ |
| 試穿室 | ：4.94㎡ |
| 廁所 | ：3.60㎡ |
| 倉庫 | ：4.86㎡ |
| 其他 | ：5.76㎡ |

**圖面一覽表（收錄一部份）**

(1)通道(Path)（外部裝飾、內部裝飾）

(2)計劃平面圖

(3)天花板俯面圖、天花板設備圖

(4)深度縱斷面

(5)外部裝飾斷面圖

(6)店內展開圖

(7)Y2通道展開圖

(8)出入處展開圖

①-1 外部装飾通道

①-2 内部装飾通道

② 計畫平面圖

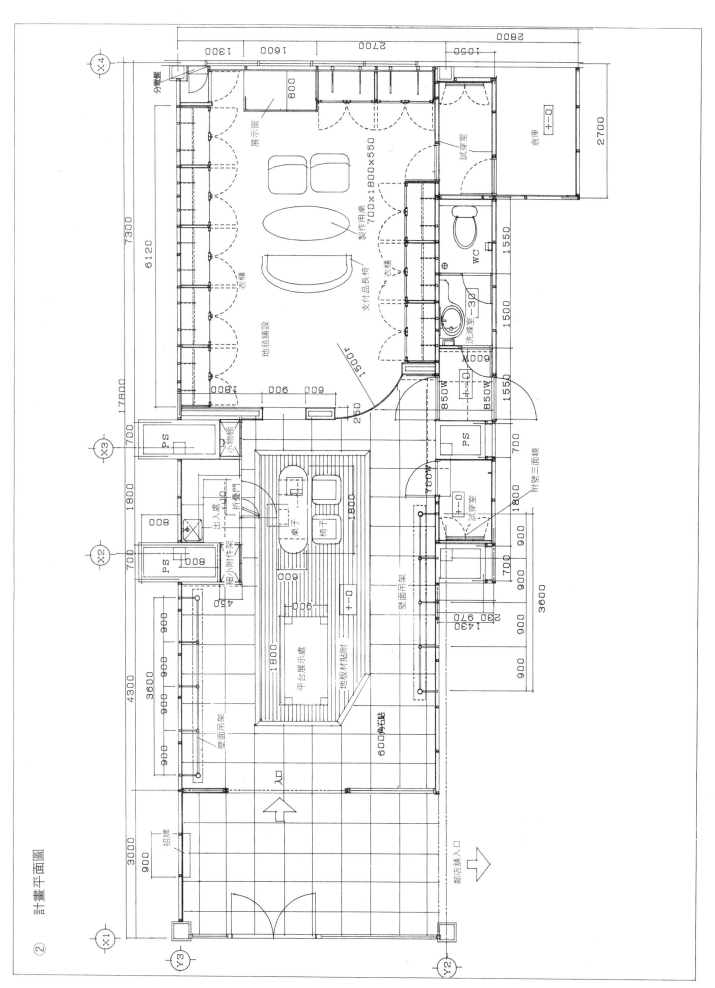

天花板俯視面圖、天花板設備圖

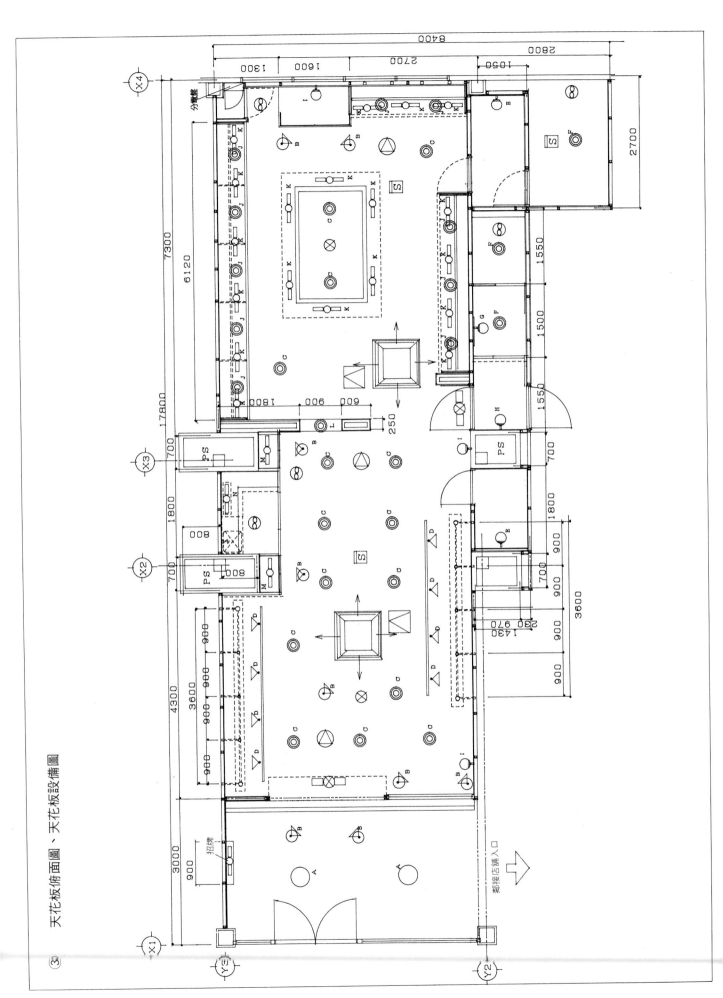

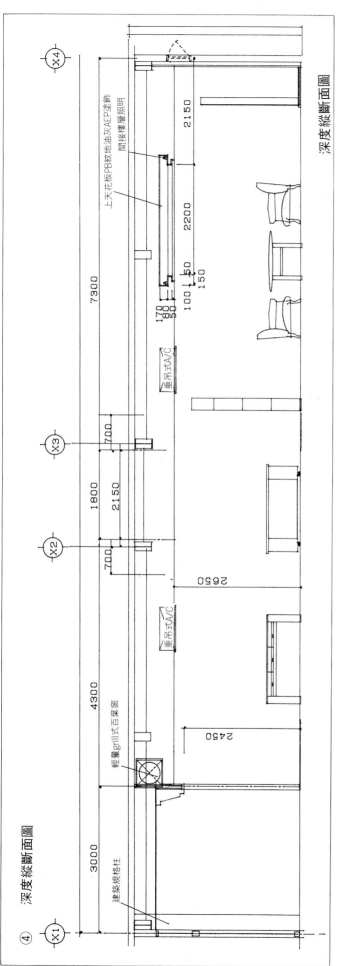

④ 深度縱斷面圖

建築規格柱

輕量grill式百葉窗

垂吊式A/C

垂吊式A/C

上天花板PB紋地油灰AEP塗飾
間接樓層照明

深度縱斷面圖

3000
4300
1800
700
2150
700
7300

2450
2650

170
50
100
50
150
2200
2150

X1
X2
X3
X4

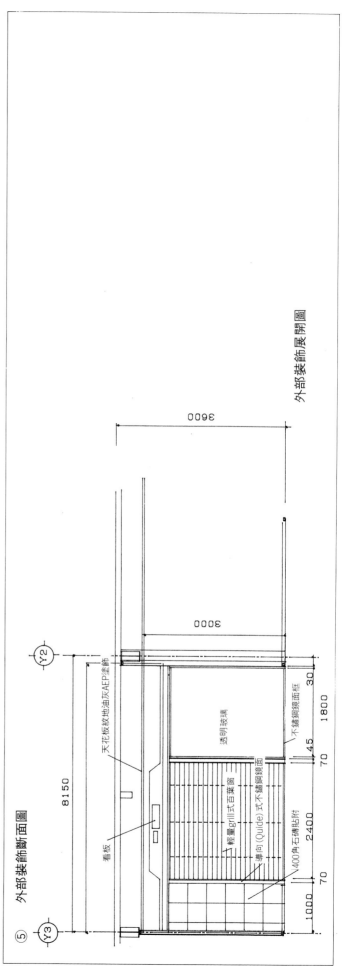

⑤ 外部裝飾斷面圖

看板

天花板紋地油灰AEP塗飾

輕量grill式百葉窗

導向(Quide)式不鏽鋼鏡面

400角石磚貼附

透明玻璃

不鏽鋼鏡面框

外部裝飾展開圖

8150
3600
3000
1000
70
2400
45
70
1800
30

Y3
Y2

69

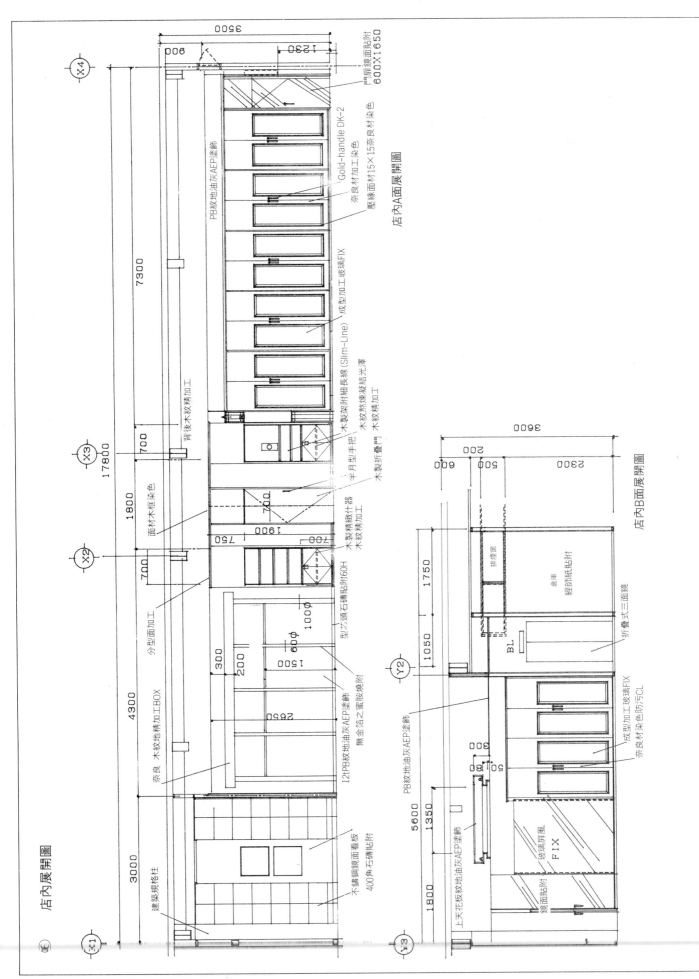

店內展開圖

店內A面展開圖

店內B面展開圖

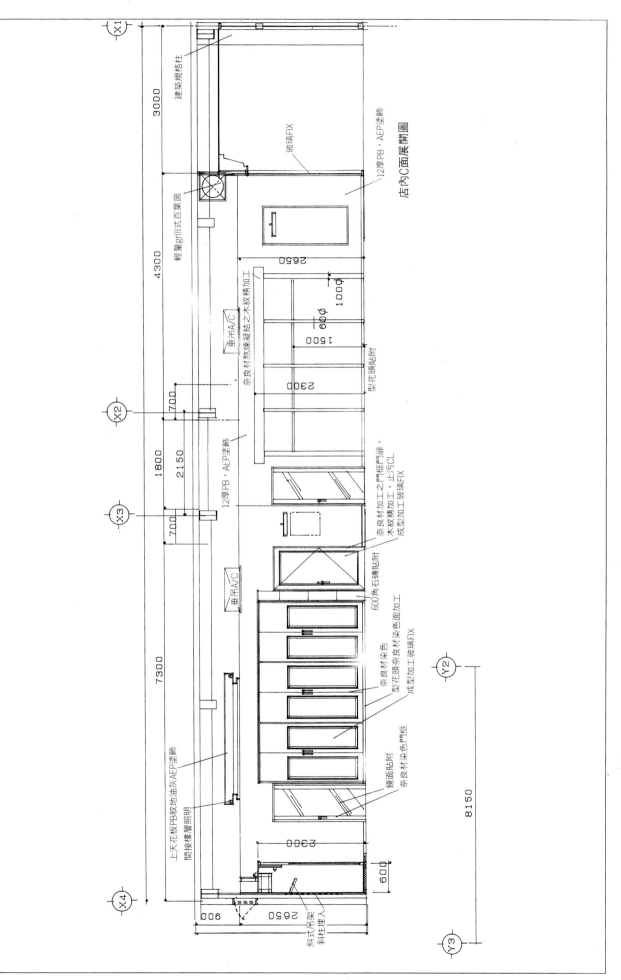

店內C面展開圖

建築規格柱

玻璃FIX

12厚PB·AEP塗飾

3000

4300

輕量grill式古葉窗

奈良材熬煉凍凝結之木紋精加工

垂吊A/C

型花頭貼附

100φ

60φ

1500

2300

2650

X1

X2

700

1800

2150

12厚PB·AEP塗飾

X3

700

7300

垂吊A/C

奈良材加工之門框門扉,
木紋精加工·止污CL
成型加工玻璃FIX

600角石磚貼附

奈良材染色
型花頭奈良材染色面加工
成型加工玻璃FIX

奈良材染色門框

鏡面貼附

奈良材染色面

上天花板PB紋地油灰AEP塗飾
間接嵌層層照明

Y2

8150

X4

2300

600

2650

900

斜式吊架
斜柱埋入

Y3

71

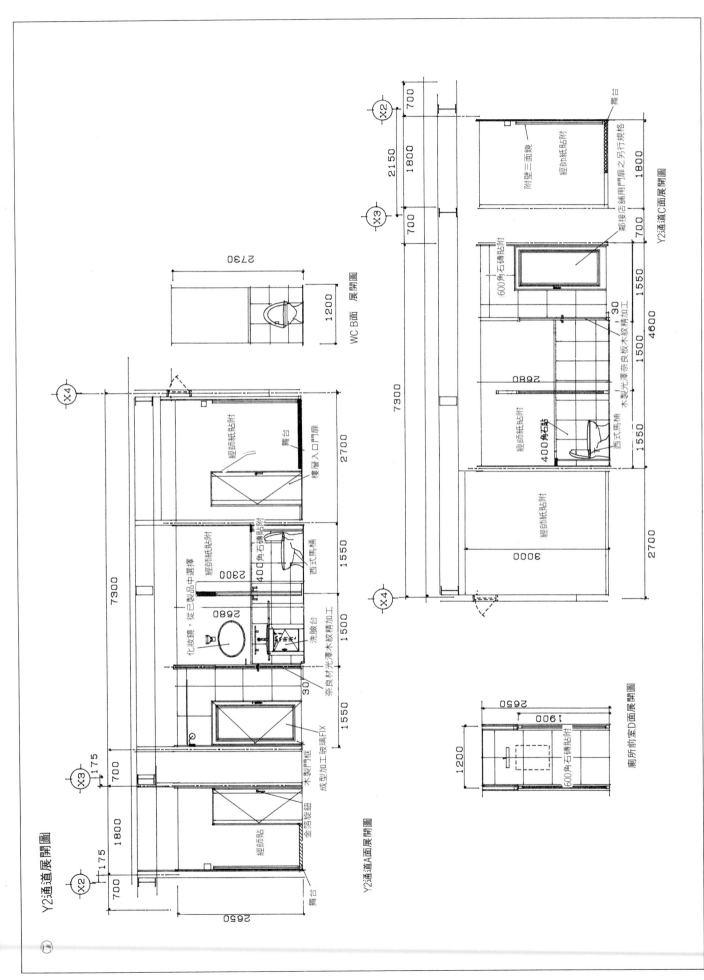

Y2通道展開圖

X2　700　175　175　1800　700　X3　7300

2650

經師貼

金箔旋鈕

木製門框

成型加工紙紋玻璃FIX

奈良材光澤木紋精加工　30

1550

化妝鏡，從已製品中選擇

經師紙貼附

2680

2300

洗臉台

西式馬桶

400角石磚貼附　1550

經師紙貼附

舞台

樓層入口門扉

2700

X4

WC B面 展開圖

2730

1200

Y2通道A面展開圖

廁所前室D面展開圖

2650

1900

1200

600角石磚貼附

X2　700　2150　1800　700　X3　7300

經師紙貼附

3000

2700

經師紙貼附

400角石磚貼附

西式馬桶　木製光澤奈良板木紋精加工　30

1550　1500　1550　4600

600角石磚貼附

鄰接店舖用門扉之另行規格

經師紙貼附

附壁三面鏡

舞台

1800　1800

X4

Y2通道C面展開圖

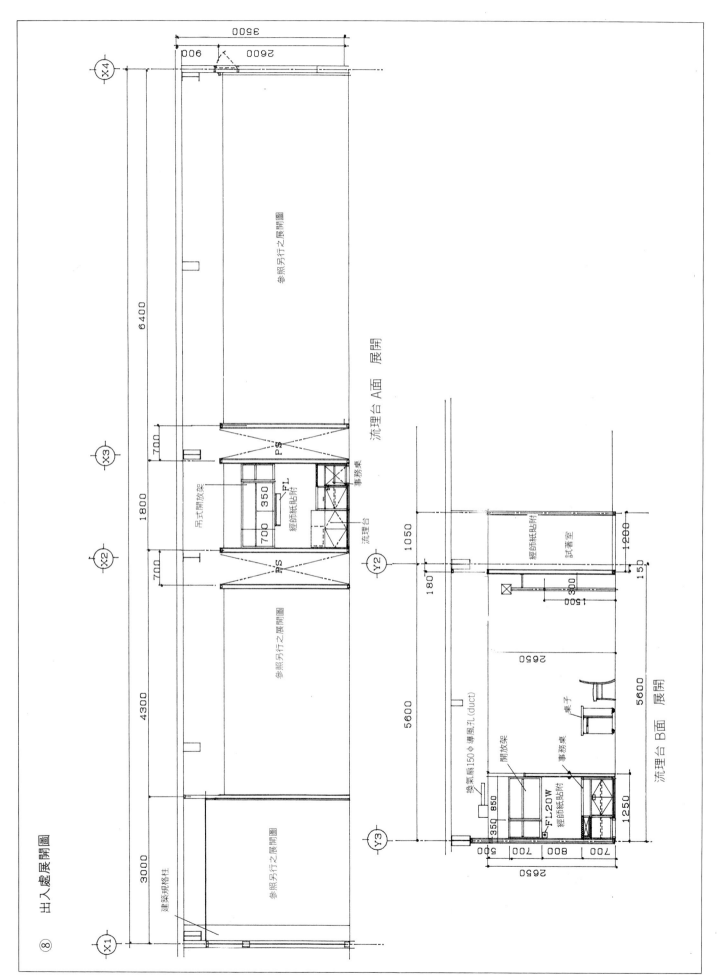

⑧　出入處展開圖

流理台 A面　展開

流理台 B面　展開

# 設計事例－3　畫廊飯店
## 『Arcadia』

就立地而言，是位置於民營鐵路沿總大型企業遷入之廣大設施的二樓部份。與一般性之商業聚集不同，顧客層亦大半屬於通勤於此設施之上班族。

當初的目的是某企業為做為職員之利用設施所計劃者，但由於其他企業之職員及一般顧客之需求也不少，尤其是午餐的時段，不僅僅預測出客席之開動率，亦包括了外帶型態之便當販賣，結果，因而採取了一般飯店之型態。相對於營業面積，廚房面積之比率約為40%，其原因在於：外帶菜單之開發，以及將來於此設施內營業規模擴大之可能性，為對應此等機能的緣故，並經由廚房專門諮詢人員的指導而決定，目前正漸漸形成此狀況。

店舖的圖像是以大理石及白壁為基準之空間，加上寬敞的顧客席位，其繪畫之展示不僅僅止於裝飾效果，且實際上可提供做為個人展之場所，也考慮到可展示販賣之演出。為了使白晝與夜晚之氣氛有不同之變化，於天花板之天空佈景部份則另行發包，考慮到依據展示設計師所設計之『星空變化』，以此為圖像之特別裝置。

**主要規格**

客廳地板：400角大理石，地毯舖設

腰壁：400角大理石

上壁：12tPB紋地捋油灰，AEP塗飾

**面積分配**

營業面積：95.64㎡

入口　　：5.02㎡

客廳　　：44.66㎡

外帶專櫃：4.59㎡

廚房室　：41.37㎡

**圖面一覽表（部份收錄）**

(1)通道(Path)（外部裝飾、內部裝飾）

(2)計劃平面圖

(3)天花板俯面圖、天花板設備圖

(4)外部裝飾展開圖

(5)餐具食品室展開圖

(6)客廳展開圖

(7)-1廚房展開圖

(7)-2廚房展開圖

①-1 外部裝飾通道

①-2 內部裝飾通道

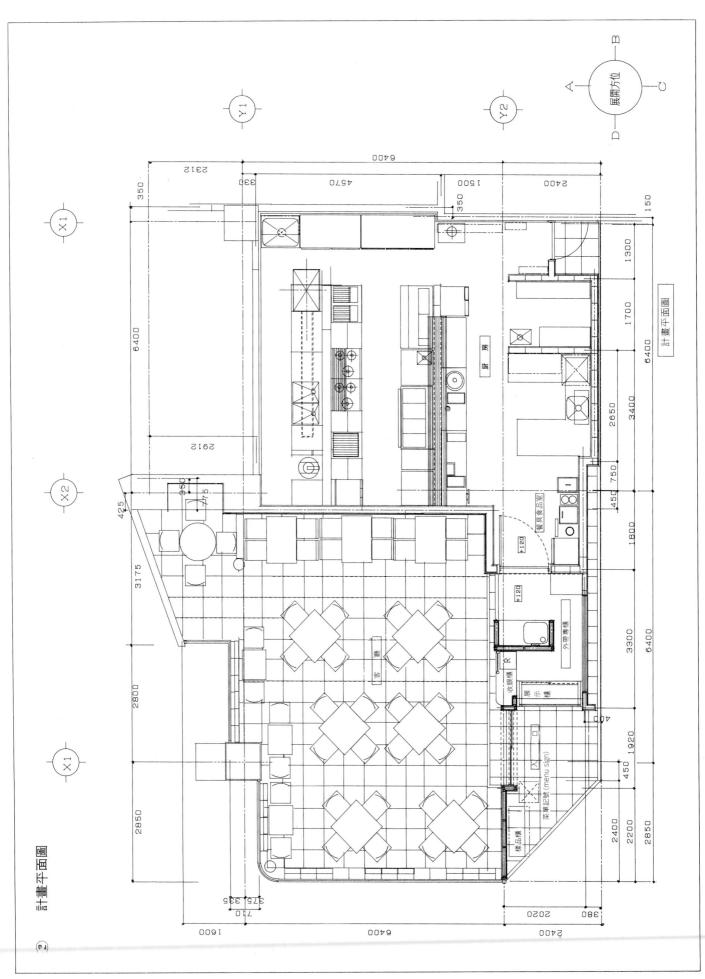

計畫平面圖

計畫平面圖

展開方位

76

③ 天花板俯面圖、天花板設備圖

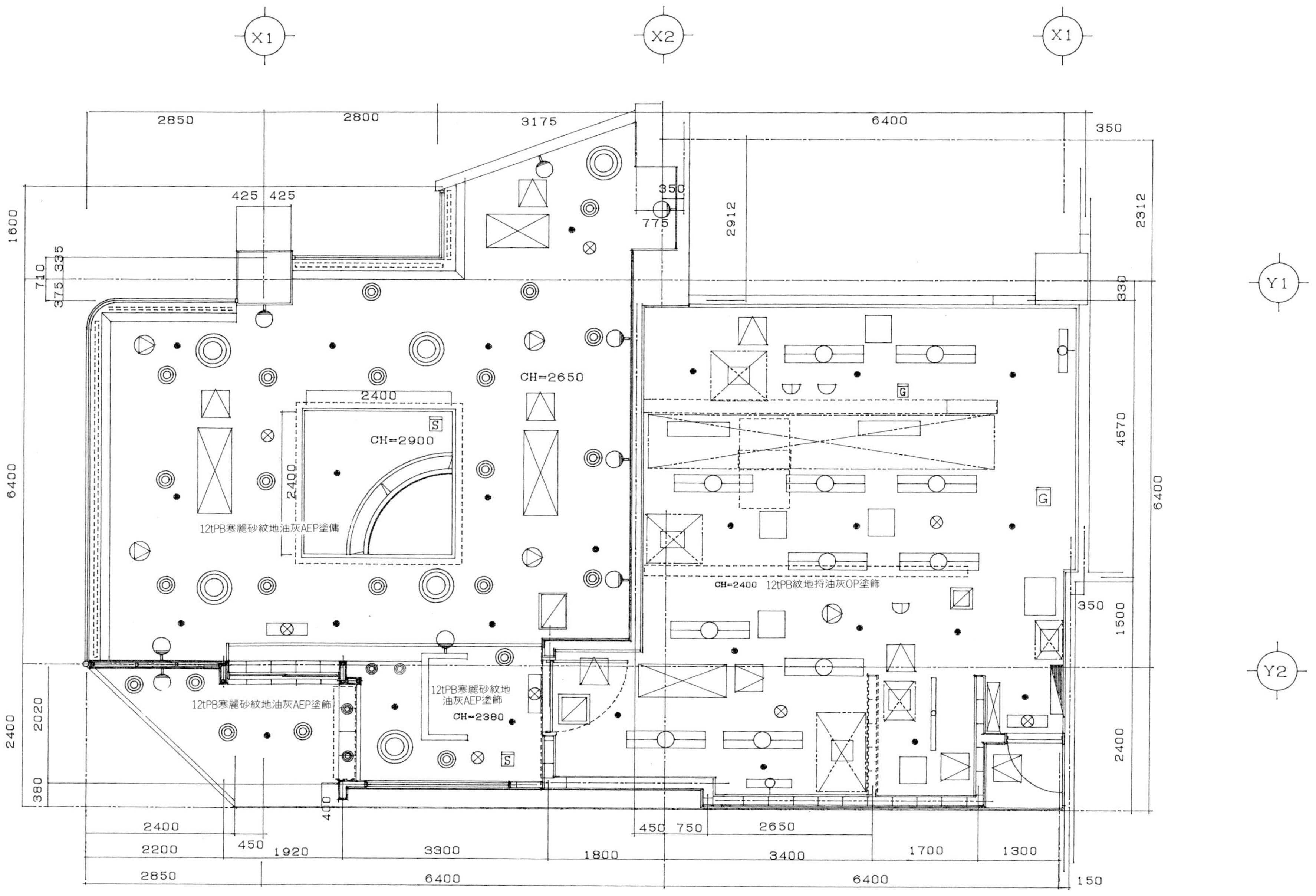

X1
X2
X1
Y1
Y2
2850
2800
3175
6400
350
2312
2912
330
4570
1500
2400
150
1600
710
335
375
425 425
350
775
CH=2650
CH=2900
2400
2400
12tPB寒麗砂紋地油灰AEP塗備
CH=2400 12tPB紋地捋油灰OP塗飾
12tPB寒麗砂紋地油灰AEP塗飾
12tPB寒麗砂紋地
油灰AEP塗飾
CH=2380
2020
380
400
2200
450
1920
3300
1800
450 750
2650
3400
1700
1300
6400

④ 外部裝飾展開圖

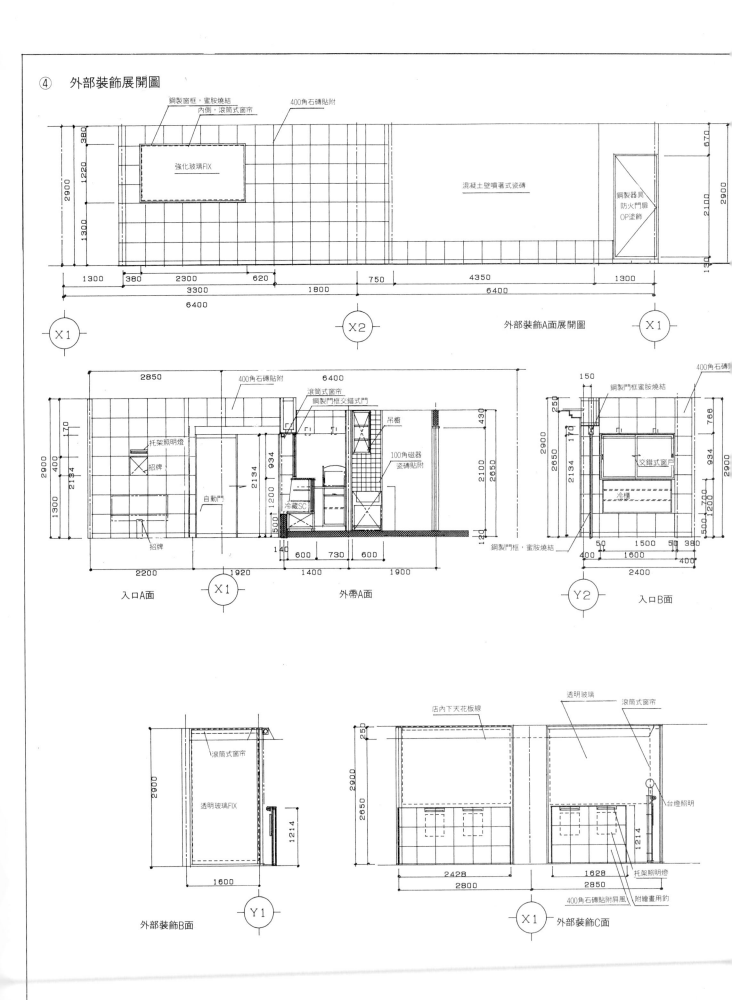

鋼製窗框，蜜胺燒結
內側，滾筒式窗帘

400角石磚貼附

強化玻璃FIX

混凝土壁噴著式瓷磚

鋼製器具
防火門扉
OP塗飾

380
1220
2900
1300

670
2100
2900

1300  380  2300  620    750    4350    1300
3300      1800           6400
6400

外部裝飾A面展開圖

X1      X2      X1

2850      400角石磚貼附    6400

滾筒式窗帘
鋼製門框交錯式門

托架照明燈

招牌

吊櫥

100角磁器
瓷磚貼附

自動門

冷藏SC

鋼製門框，蜜胺燒結

招牌

2900
400
2134
1300
170

934
2134
1200
500

430
2100
2650

120

140  600  730  600
2200    1920    1400    1900

入口A面    X1    外帶A面

150

鋼製門框蜜胺燒結

400角石磚

交錯式窗戶

令櫥

250
170
2134
2650
2900

766
934
700
1200
500

50  1500  50  380
400    1600    400
2400

Y2    入口B面

滾筒式窗帘

透明玻璃FIX

2900

1214

1600

外部裝飾B面

Y1

店內下天花板線

透明玻璃

滾筒式窗帘

250
2650
2900

台燈照明

1214

2428    1628
2800    2850

托架照明燈

400角石磚貼附屏風
附繪畫用鈎

X1    外部裝飾C面

⑤ 餐具食品室展開圖

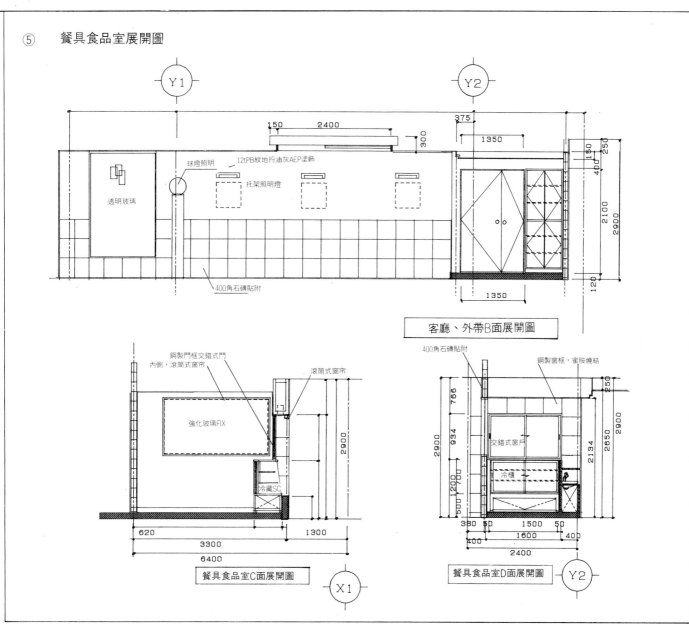

150  2400
300

球燈照明
透明玻璃
12tPB紋地拵油灰AEP塗飾
托架照明燈
400角石磚貼附

375
1350
150 250
400
2100
2900
1350
120

客廳、外帶B面展開圖

鋼製門框交錯式門
內側，滾筒式窗帘
滾筒式窗帘
強化玻璃FIX
冷藏SC
2900
620    1300
3300
6400

餐具食品室C面展開圖    X1

400角石磚貼附
鋼製窗框，蜜胺燒結
766
934
交錯式窗戶
冷櫃
2900
1200
500 700
380 50  1500  50
400    1600    400
2400
250
2900
2650
2134
120

餐具食品室D面展開圖    Y2

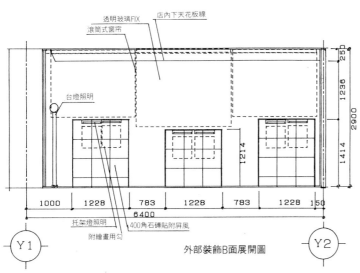

透明玻璃FIX
店內下天花板線
滾筒式窗帘
台燈照明
250
1238
2900
1214
1414

1000  1228  783  1228  783  1228  150
6400

托架燈照明
400角石磚貼附屏風
附繪畫用勾

Y1    外部裝飾B面展開圖    Y2

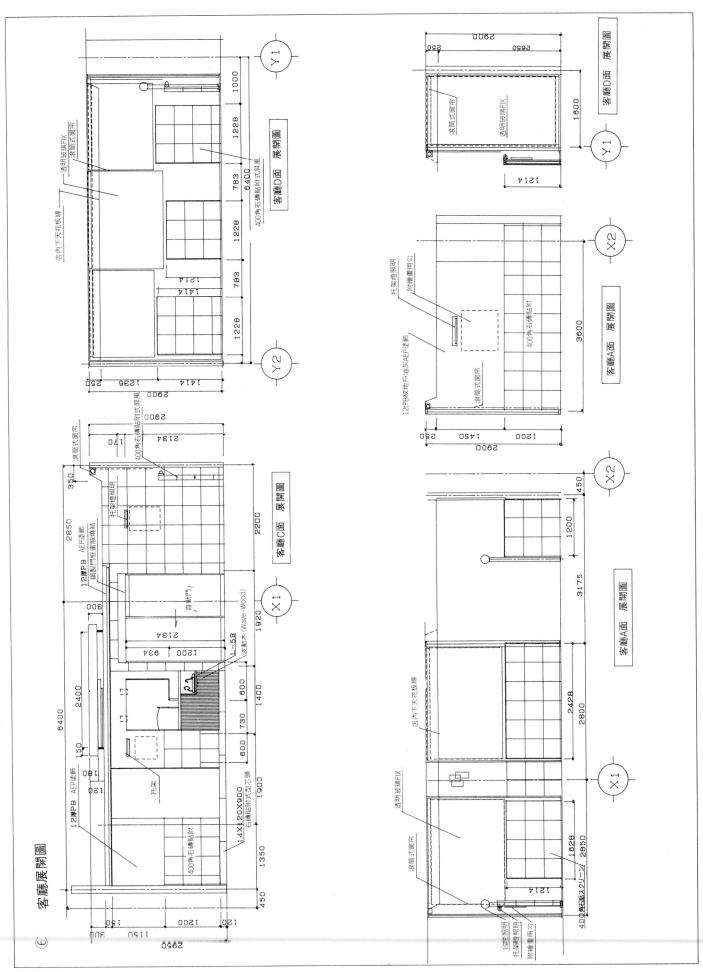

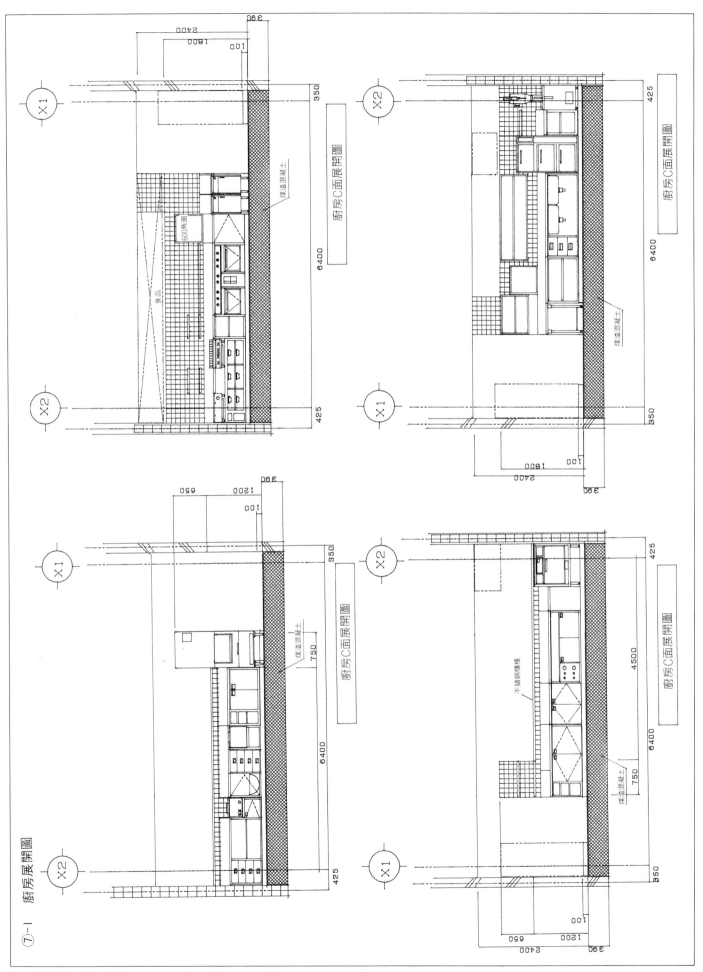

⑦-1　厨房展開図

厨房C面展開図

厨房C面展開図

厨房C面展開図

厨房C面展開図

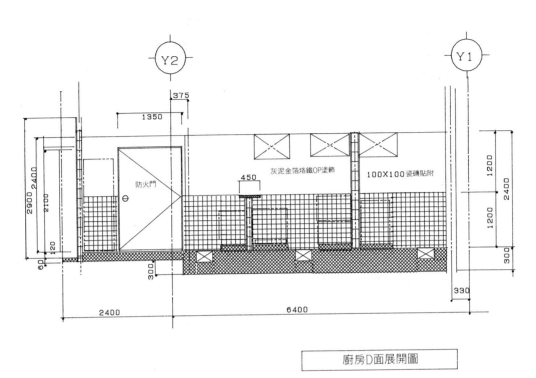

廚房D面展開圖

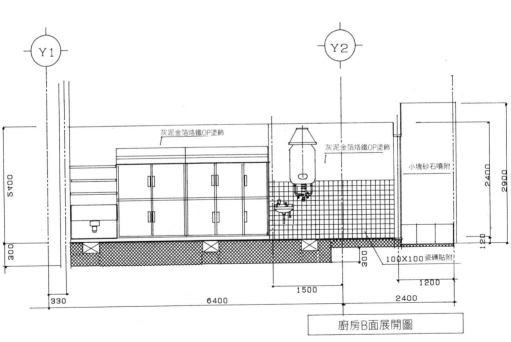

廚房B面展開圖

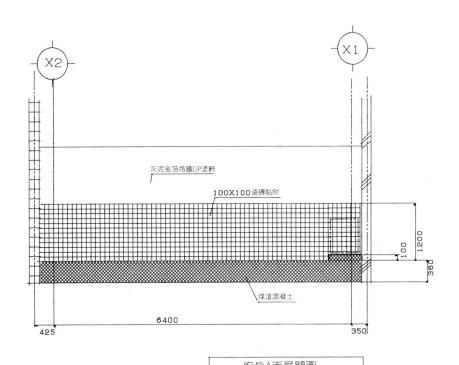

灰泥金箔烙鐵OP塗飾

100X100瓷磚貼附

1200

100

360

煤渣混凝土

6400

425

350

廚房A面展開圖

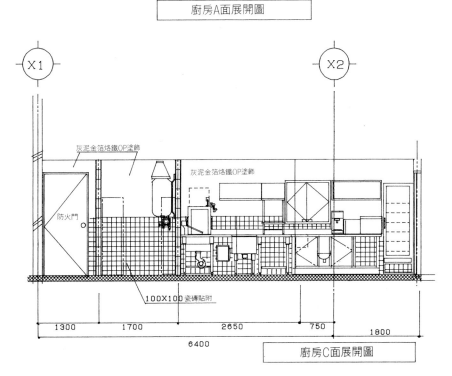

灰泥金箔烙鐵OP塗飾

灰泥金箔烙鐵OP塗飾

防火門

100X100瓷磚貼附

1300    1700    2650    750    1800

6400

廚房C面展開圖

# 設計事例－4 『**基本詳圖例**』（參考圖）

此處收錄有設計事例1～3所沒有之基本詳圖。這些都是實際於設計時常使用之圖面，可供讀者參考。

詳圖一覽表

① 輕鐵隔間牆詳圖
② 輕鐵軸組詳圖
③ 輕鐵軸組開口部基底詳圖
④ 餐具食品室斷面圖
⑤ 煙火使用部位，廚房罩蓋之設置斷面圖
⑥-1 廚房置蓋（頂蓋）之構造
⑥-2 廚房罩蓋（頂蓋）之構造
⑦ 喝飲料、快餐之櫃檯座詳圖
⑧ 俱樂部、酒吧之櫃檯座詳圖
⑨ 餐廳之櫃檯座詳圖
⑩ 壽司店之櫃檯座詳圖(A)
⑪ 壽司店之櫃檯座詳圖(B)
⑫ 大廈內店舖、和室之斷面圖
⑬ 混凝土板坯(slab)之榻榻米地板詳圖
⑭ 入口迴廊，鋁門框詳圖

① 輕鐵隔間牆詳圖

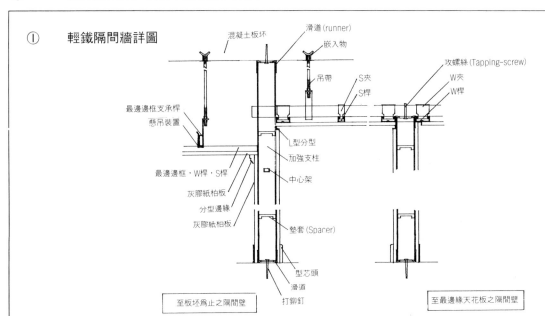

至板坯為止之隔間壁　　　　　　　　至最邊緣天花板之隔間壁

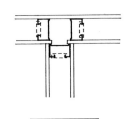

T型之收納

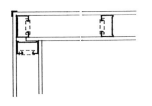

轉角處之收納

| | 加強支柱(stud)<br>A×B×t | 滑道<br>A×B×t | 中心架<br>A×B×t |
|---|---|---|---|
| 100型 | 100×45×08 | 102×40×08 | 25×10×12 |
| 90型 | 90×45×08 | 92×40×08 | 25×10×12 |
| 75型 | 75×45×08 | 77×40×08 | 25×10×12 |
| 65型 | 65×45×08 | 67×40×08 | 25×10×12 |
| 50型 | 50×45×08 | 52×40×08 | 19×10×12 |

② 輕鋼鐵軸組詳圖

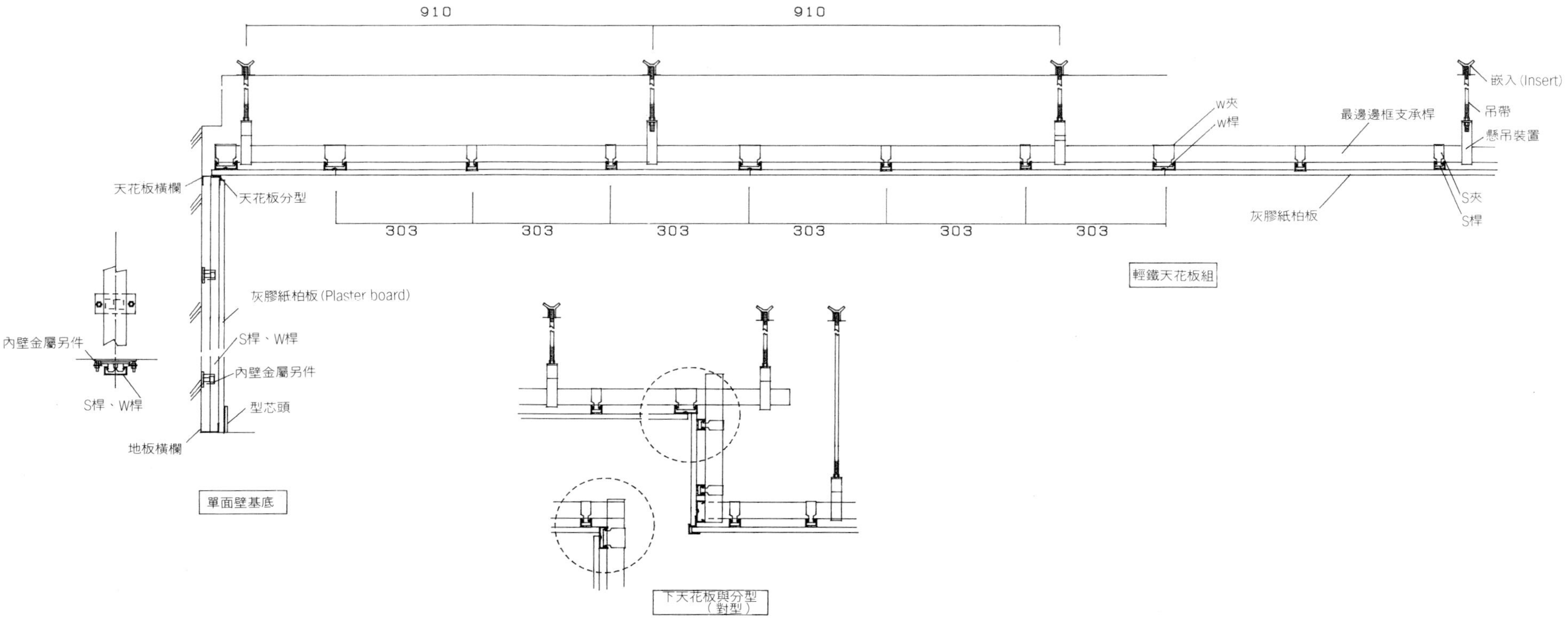

嵌入 (Insert)
吊帶
懸吊裝置
夾 S
S焊

最邊邊框支承枠
灰膠紙柏板

輕鐵天花板組

W夾
W焊

303 | 303 | 303 | 303 | 303 | 303 | 303

910 | 910

下天花板與分型
(對型)

天花板分型
灰膠紙柏板 (Plaster board)
S焊、W焊
內壁金屬另件
型芯頭

單面壁基底

天花板橫欄
地板橫欄

內壁金屬另件
S焊、W焊

③　輕鐵軸組開口部基底詳圖

滑道

加強支柱　　　調整部份

補強材

門框

中心架

加強支柱

滑(runner)

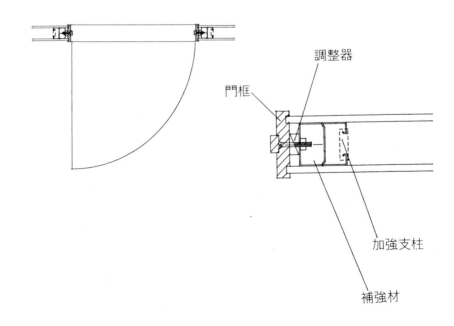

調整器

門框

加強支柱

補強材

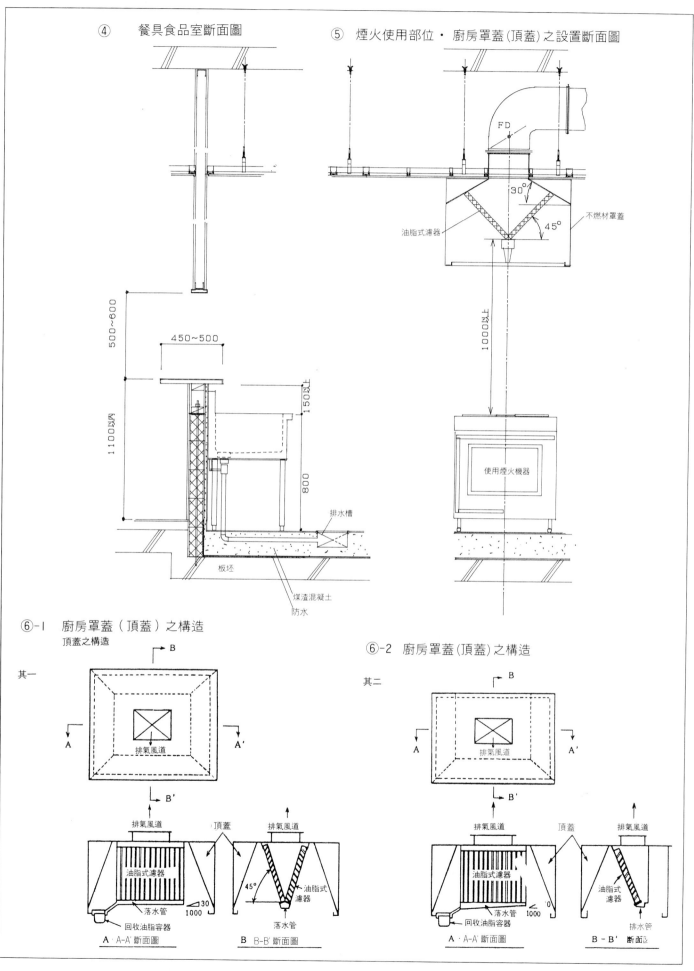

④　餐具食品室斷面圖

⑤　煙火使用部位‧廚房罩蓋(頂蓋)之設置斷面圖

FD

30°

油脂式濾器

不燃材罩蓋

45°

500~600

450~500

150以上

1100以內

800

1000以上

排水槽

使用煙火機器

板坯

煤渣混凝土

防水

⑥-1　廚房罩蓋（頂蓋）之構造
頂蓋之構造

其一

B

A

A'

排氣風道

B'

排氣風道

頂蓋

排氣風道

油脂式濾器

45°

油脂式濾器

落水管

30
1000

回收油脂容器

落水管

A‧A-A'斷面圖

B　B-B'斷面圖

⑥-2　廚房罩蓋(頂蓋)之構造

其二

B

A

A'

排氣風道

B'

排氣風道

頂蓋

排氣風道

油脂式濾器

1000

油脂式
濾器

回收油脂容器

落水管

排水管

A‧A-A'斷面圖

B‧B-B'斷面圖

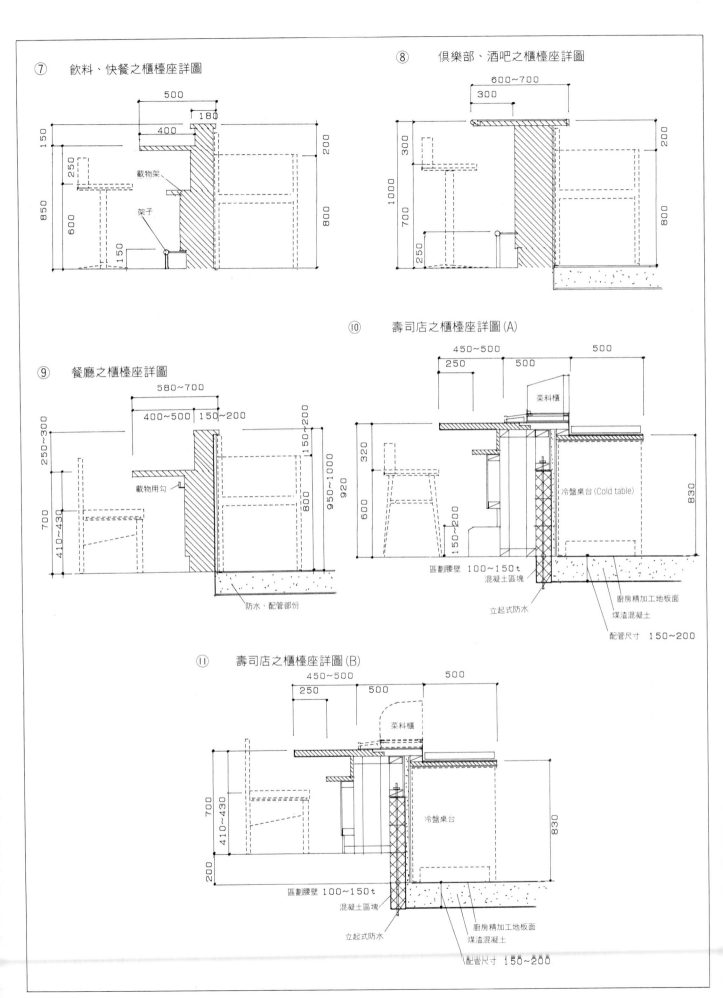

⑦　飲料、快餐之櫃檯座詳圖

500
180
400
150
250
850
600
150
200
800
載物架
架子

⑧　俱樂部、酒吧之櫃檯座詳圖

600~700
300
300
1000
700
250
200
800

⑩　壽司店之櫃檯座詳圖(A)

450~500
250
500
500
菜料櫃
320
600
150~200
830
冷盤桌台(Cold table)
區劃腰壁 100~150t
混凝土區塊
立起式防水
廚房精加工地板面
煤渣混凝土
配管尺寸　150~200

⑨　餐廳之櫃檯座詳圖

580~700
400~500　150~200
150~200
250~300
950~1000
920
700
410~430
800
載物用勾
防水、配管部份

⑪　壽司店之櫃檯座詳圖(B)

450~500
250
500
500
菜料櫃
700
410~430
830
200
冷盤桌台
區劃腰壁 100~150t
混凝土區塊
立起式防水
廚房精加工地板面
煤渣混凝土
配管尺寸　150~200

⑫　　大廈內店舖、和室之斷面圖

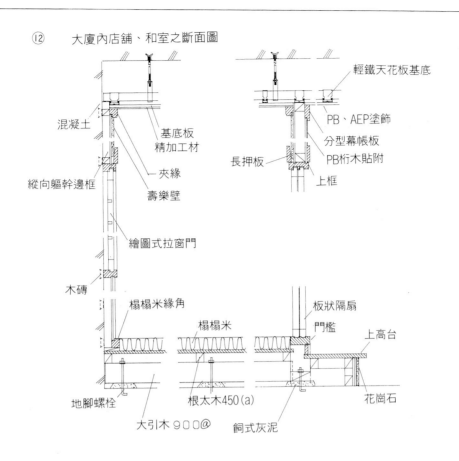

輕鐵天花板基底

混凝土

基底板
精加工材

PB、AEP塗飾

縱向軀幹邊框

夾緣

壽樂壁

分型幕帳板

長押板

PB桁木貼附

上框

繪圖式拉窗門

木磚

板狀隔扇

楊榻米緣角

楊榻米

門檻

上高台

地腳螺栓

根太木450(a)

大引木900@

飼式灰泥

花崗石

⑬　　混凝土板坯之楊榻米地板詳圖

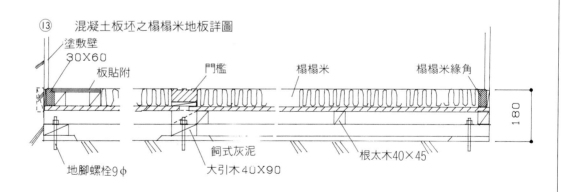

塗敷壁
30×60

板貼附

門檻

楊榻米

楊榻米緣角

180

地腳螺栓9φ

飼式灰泥

大引木40×90

根太木40×45

# 入口迴廊 鋁門框詳圖

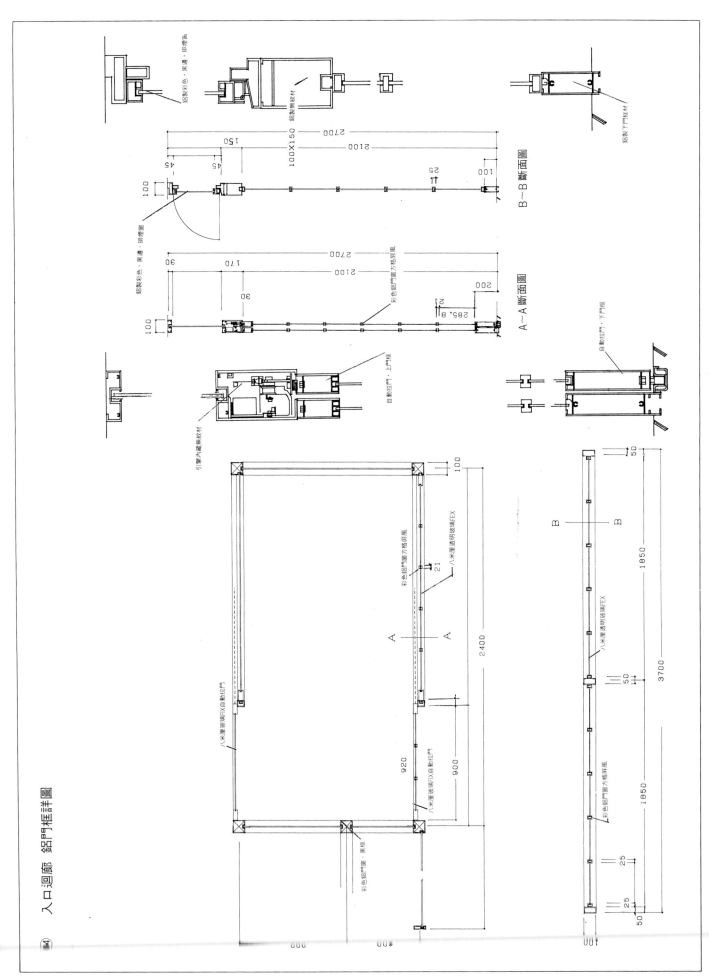

# 4：表現 (Presentation) 之方法與事例

於店舖設計之圖像決定之階段，設計師得視為資料（企劃提出之圖書）彙整之，並以此為基本對顧客進行說明（表現之方法）；以決定基本之內容。

其表現方法雖不一而足，但一般而言是以計劃平面圖、外部裝飾圖像、店內圖像、什器之圖像及各設施之概要費用概算等為資料，以進行商討。（參照企劃業務、圖像計劃 P-174，企劃提出圖書細目 P-175）

┌─────────────────────────────────────┐
│ 4：表現之方法與事例                       │
│    ⑴ 平面圖與依據粗素描之表現              │
│    ⑵ 依據彩色路線之表現                   │
│    ⑶ 依據紙上模型之表現                   │
│    ⑷ 依據照片拼貼之表現                   │
└─────────────────────────────────────┘

## 表現事例之目錄

| 表現方法 | 收錄頁數 |
|---|---|
| ⑴ 平面圖與依據粗素描之表現 | 92 |
| 　1-1：西點麵包店「葡萄屋」 | |
| 　　　⑴ 圖像路線 (path) | 92 |
| 　　　⑵ 平面圖 | 92 |
| 　　　⑶ 什器 | 93 |
| 　　　a：收銀櫃檯　b：烹調台 | |
| 　　　c：麵包架　　d：麵包架 | |
| 　1-2：Nail-art『安气子』 | |
| 　　　⑴ 圖像路線 (店內)-1 | 94 |
| 　　　⑵ 圖像路線 (店內)-2 | 94 |
| 　　　⑶ 圖像路線 (店內)-3 | 94 |
| 　　　⑷ 平面圖 | 94 |
| 　　　⑸ 看板、傢俱、什器 | 95 |
| 　　　a：看板 | |
| 　　　b：技術用手推餐車 | |
| 　　　c：客人等待用桌子 | |
| 　　　　、沙發 | |
| 　　　d：沙龍用椅子、桌子 | |
| ⑵ 依據彩色路線之表現 | 96 |
| 　2-1：陶器之店『青山堂』 | |
| 　　　⑴ 圖像路線 | 96 |
| 　　　⑵ 什器 | 96 |
| 　　　⑶ 平面圖 | 97 |
| 　　　⑷ 桌子、椅子 | 97 |
| 　2-2：藝術家工作室飲茶店 | |
| 　　　　『Gruppe』 | |
| 　　　⑴ 圖像路線 (外部裝飾) | 98 |
| 　　　⑵ 圖像路線 | 99 |
| 　　　　（內部裝飾）-1 | |
| 　　　⑶ 圖像路線 | 99 |
| 　　　　（內部裝飾）-2 | |
| 　　　⑷ 平面圖 | 98 |
| ⑶ 依據紙上模型之表現 | 100 |
| 　3-1：婦女裝飾品店『first』 | |
| 　　　⑴ 平面圖 | 100 |
| 　　　⑵ 天花板俯面圖 | 100 |
| 　　　⑶ 什器 | 101 |
| 　　　⑷ 完成之模型 A B C | 102 |
| 　　　a：包裝台 | |
| 　　　b：L型展示櫃 | |
| 　　　c：壁面展示櫃 | |
| 　　　　(Show-case) | |
| 　　　d：收銀台 | |
| 　　　e：壁面展示櫃 | |
| 　　　f：看板 | |
| 　　　g：中央展示櫃 | |
| 　　　h：壁面展示 (display) | |
| 　3-2：餐廳『啄木鳥』 | |
| 　　　⑴ 完成模型 | 103 |
| 　　　⑵ 一樓平面圖 | 103 |
| 　　　⑶ 二樓平面圖 | 103 |
| 　　　⑷ 依據照片拼貼之表現 | 104 |
| 　4-1：中央廚房『SASA GAWA』 | |
| 　　　⑴ 計劃拼貼照片 | 104 |
| 　　　⑵ 現狀照片 | 104 |
| 　　　⑶ 平面圖 | 104 |
| 　4-2：室內裝飾屋『gaudei』 | |
| 　　　⑴ 計劃拼貼照片 | 105 |
| 　　　⑵ 現狀照片 | 105 |
| 　　　⑶ 平面圖 | 105 |

# (1)平面圖與依據粗素描之表現

平面圖之寬廣度與度之關係，得依視覺上實際之比率以素描表現之，有關素材及設計則以拉出線加以說明。在與顧客商討之階段時，可視為基礎資料（為決定內容之資料）一邊利用之，

一邊觀看具體性之空間及什器形狀以進行檢討，因此就店舖圖像之設定而言，是屬於有效的手段（於初期之商討屬於有效）。

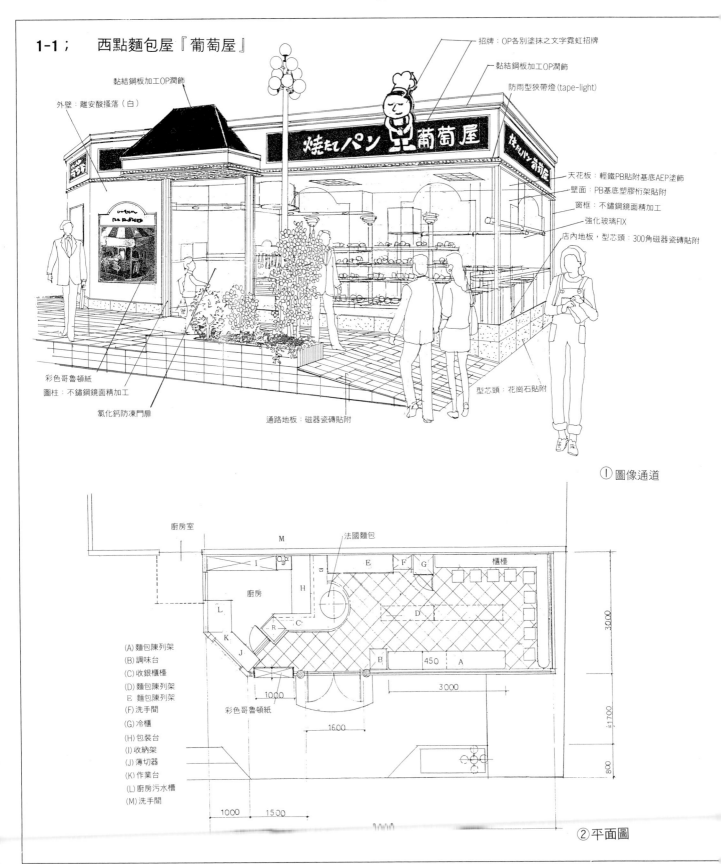

**1-1；　西點麵包屋『葡萄屋』**

招牌：OP各別塗抹之文字霓虹招牌
黏結鋼板加工OP潤飾
防雨型狹帶燈(tape-light)

黏結鋼板加工OP潤飾
外壁：離安酸搔落（白）

天花板：輕鐵PB貼附基底AEP塗飾
壁面：PB基底塑膠桁架貼附
窗框：不鏽鋼鏡面精加工
強化玻璃FIX
店內地板，型芯頭：300角磁器瓷磚貼附

彩色哥魯頓紙
圖柱：不鏽鋼鏡面精加工
氧化鈣防凍門扉
通路地板：磁器瓷磚貼附
型芯頭：花崗石貼附

① 圖像通道

廚房室
法國麵包
M

廚房

彩色哥魯頓紙

(A) 麵包陳列架
(B) 調味台
(C) 收銀櫃檯
(D) 麵包陳列架
E　麵包陳列架
(F) 洗手間
(G) 冷櫃
(H) 包裝台
(I) 收納架
(J) 薄切器
(K) 作業台
(L) 廚房污水槽
(M) 洗手間

② 平面圖

## ③什器

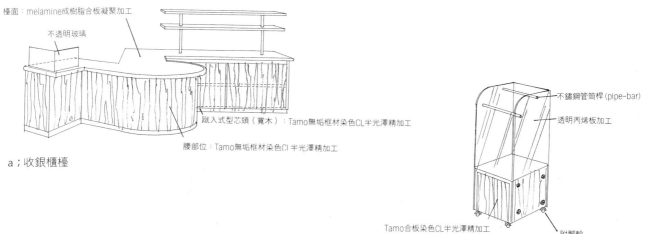

檯面：melamine成樹脂合板凝聚加工

不透明玻璃

蹴入式型芯頭（寬木）：Tamo無垢框材染色CL半光澤精加工

腰部位：Tamo無垢框材染色CL半光澤精加工

a；收銀櫃檯

不鏽鋼管筒桿(pipe-bar)

透明丙烯板加工

Tamo合板染色CL半光澤精加工

附腳輪

b；調味(Tongue)台

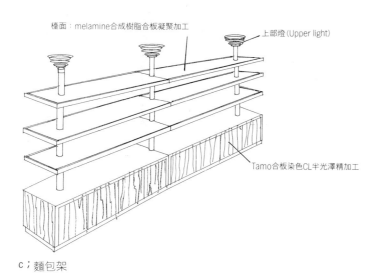

檯面：melamine合成樹脂合板凝聚加工

上部燈(Upper light)

Tamo合板染色CL半光澤精加工

c；麵包架

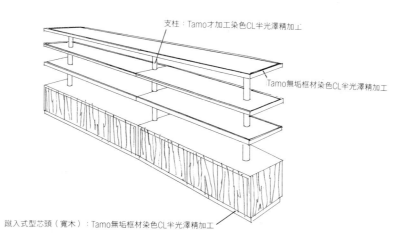

支柱：Tamo才加工染色CL半光澤精加工

Tamo無垢框材染色CL半光澤精加工

蹴入式型芯頭（寬木）：Tamo無垢框材染色CL半光澤精加工

d；麵包架

# 1-2；Nal-art『安气子』

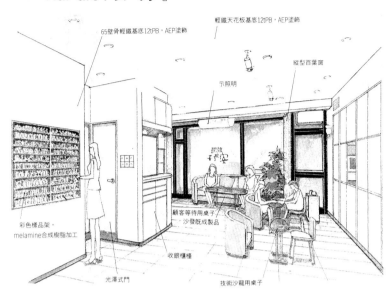

輕鐵天花板基底12tPB，AEP塗飾
65壁骨輕鐵基底12tPB，AEP塗飾
縱型百葉窗
示照明
彩色樣品架，
melamine合成樹脂加工
顧客等待用桌子
沙發既成製品
收銀櫃檯
光澤式門
技術沙龍用桌子

① 圖像路線

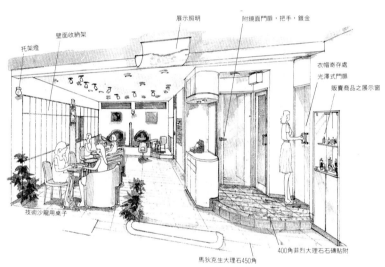

托架燈
壁面收納架
展示照明
附鏡面門扉，把手，鍍金
衣帽寄存處
光澤式門扉
販賣商品之展示窗
技術沙龍用桌子
400角菲烈大理石石磚貼附
馬狄克生大理石450角

② 圖像路線（店內）-2

托架燈
通風孔道
輕鐵天花板基底12tPB，AEP塗飾
服務用洗滌盆
65壁骨輕鐵基底12tPB，AEP塗飾
壁面收納架，無melamine合成樹脂之質加工板貼附
亞迪克生大理石450角

③ 圖像路線（店內）-3

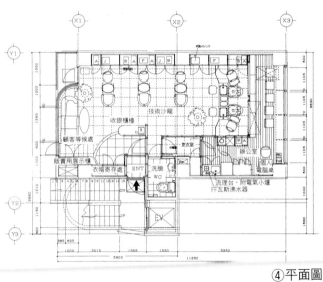

平面ルシンク
技術沙龍
收銀櫃檯
顧客等候處
更衣室
辦公室
販賣用展示櫃
衣帽寄存處
ENT
洗臉
WC
電腦桌
流理台，附電氣小爐
FF瓦斯沸水器

④ 平面圖

⑤ 看板・傢俱・什器

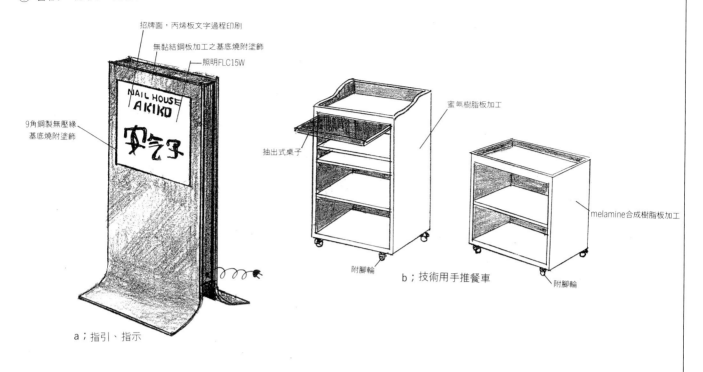

招牌面，丙烯板文字過程印刷

無黏結鋼板加工之基底燒附塗飾

照明FLC15W

9角鋼製無壓緣
基底燒附塗飾

NAIL HOUSE
AKIKO

空气子

蜜氨樹脂板加工

抽出式桌子

melamine合成樹脂板加工

附腳輪

附腳輪

a；指引、指示

b；技術用手推餐車

質地旣成品沙發

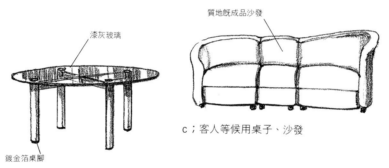

漆灰玻璃

鍍金箔桌腳

c；客人等候用桌子、沙發

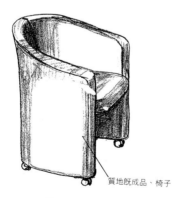

漆灰玻璃

質地旣成品、椅子

框架、桌腳、鍍金箔加工

d；沙龍用椅子、桌子

## ⑵ 依據彩色路線(path)之表現

一般而言，經由初期之商談而決定店舖設計之概要後，實際上可將其完成之眺望圖讓客戶看，藉以決定店舖之圖像，此時，必須呈現出素材之構造、色彩計劃，以及包含照明效果在內之彩色路線(color-path)，依據此等所形成之表現。因此，為了觀覽店舖整體，就必須描繪出外部裝飾與內部裝飾之必要張數量的路線(path)。

### 2-1　陶器之店『青山店』

①圖像路線(path)

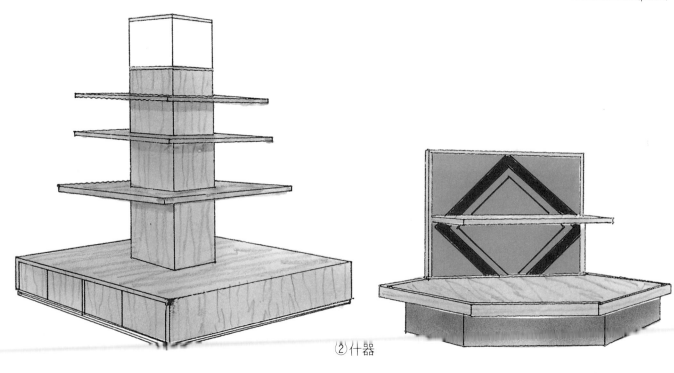

②什器

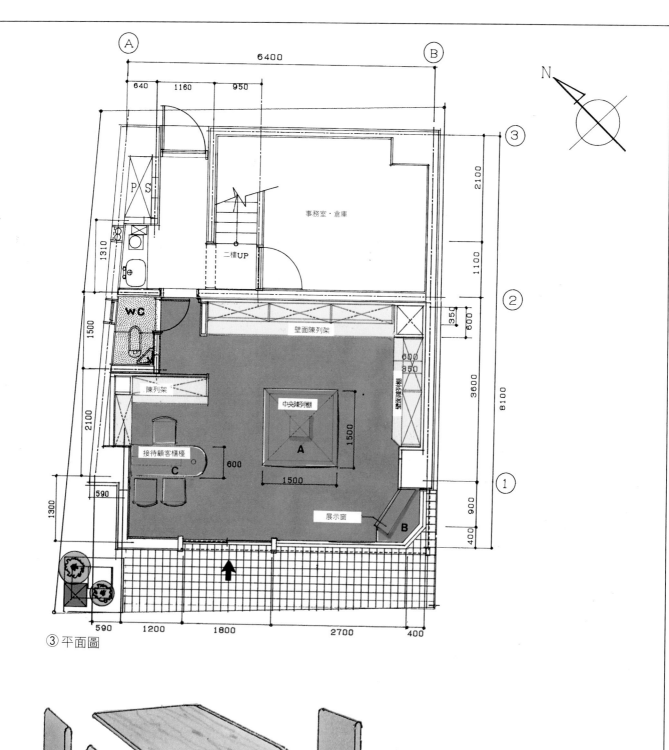

A        6400        B
640    1160    950

2100

PS

事務室・倉庫

1310

二樓UP

1100

WC                壁面陳列架        350    600
1500                                   600
                                        350

陳列架

2100                中央陳列棚

接待顧客櫃檯                1500    A        3600    8100

600                1500

590

展示窗        B        900    400

1300

590    1200    1800        2700    400

③平面圖

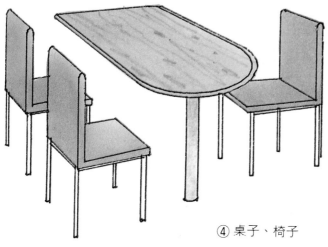

④ 桌子、椅子

## 2-2；藝術家工作室(studio)飲茶店 『Gruppe』

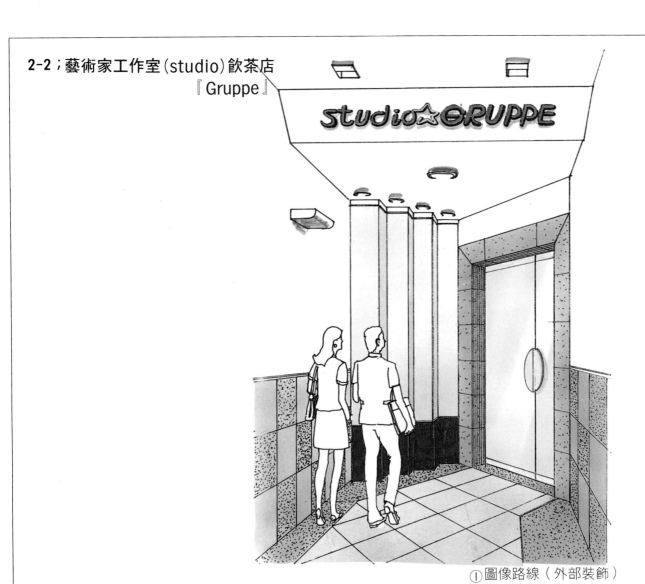

①圖像路線（外部裝飾）

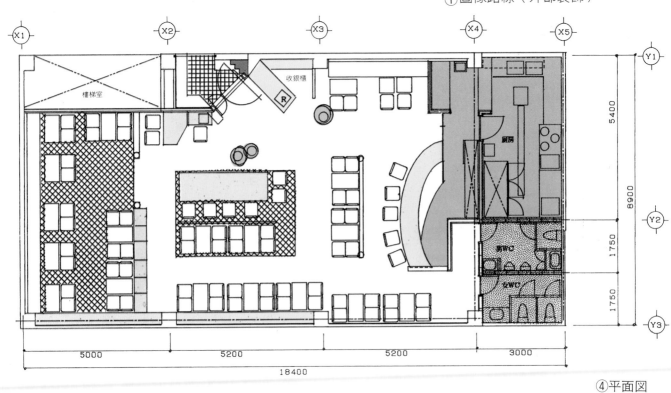

④平面図

② 圖像路線（內部裝飾）-1

③ 圖像路線（內部裝飾）-2

## ⑶ 依據紙上模型之表

將小規模店或展示性小屋向顧客說明時，較有效的方法是依據紙上模型之表現。由於可以立體地表現出實際之店舖空間與傢俱、什器之配置關係，因此可藉此具體地檢討之。

3-1：婦女裝飾品店『First』之例是以決定素材及色彩前之空間構成而作成之例子，實際上若能於分解圖(a～h)之階段加上彩色，將能更具體地表現出。於平面上將各壁面立起伸展，店舖什器則視為零件，一個一個地描繪並組合之。天花板面可將照明器具及招牌配置於透明板，試著從上部投射燈光，使近似於實際之照明演出，如此則可得如完成模型A、B、C(P-102)般之效果。

3-2：餐廳『啄木鳥』之例是藉由彩色之模型，以表現出店舖外部裝飾之圖像(Imagine)，製作過程則與3-1之模型的程序相同，依此加以組合。

## 3-1；婦女裝備品店『First』

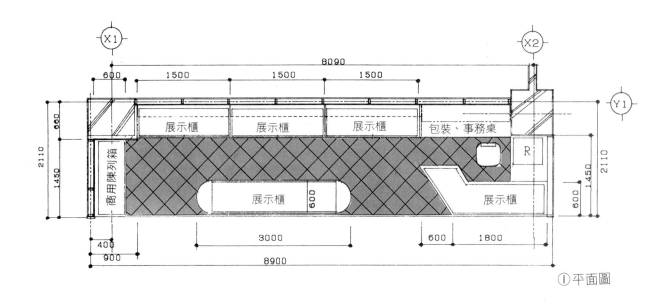

①平面圖

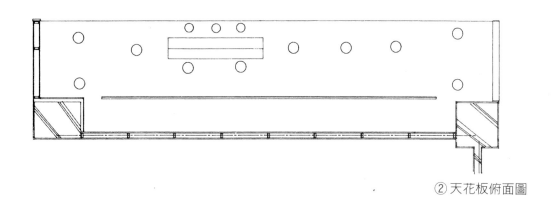

② 天花板俯面圖

③ 什器

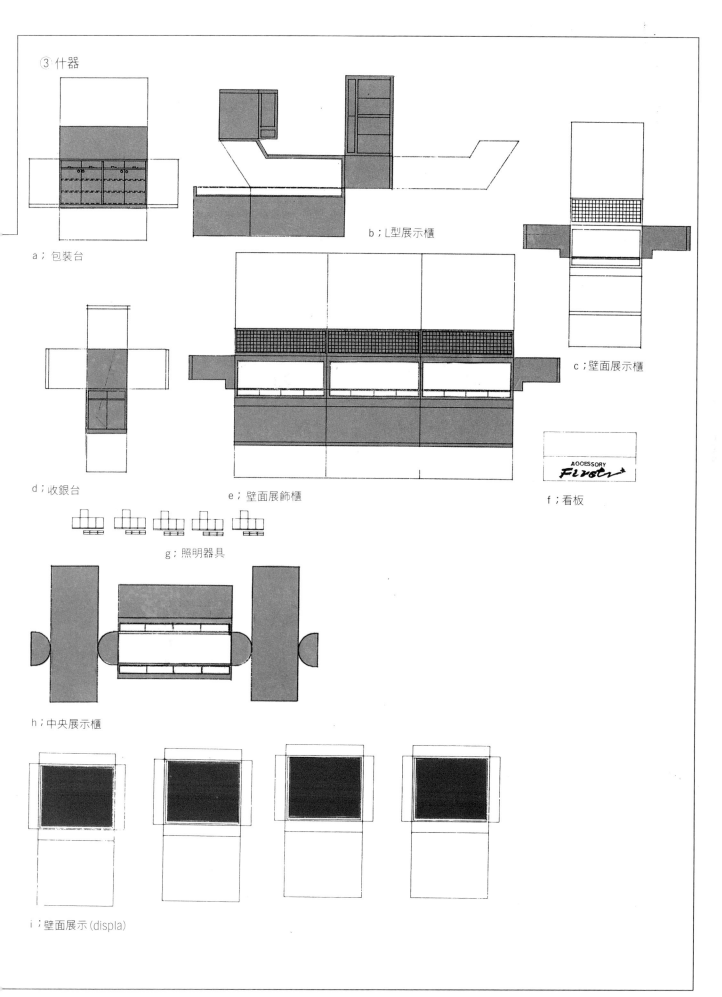

a；包裝台

b；L型展示櫃

c；壁面展示櫃

d；收銀台

e；壁面展飾櫃

f；看板

g；照明器具

h；中央展示櫃

i；壁面展示 (displa)

④完成模型

A

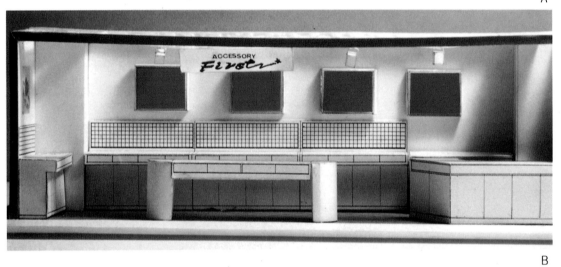

B

C

## 3-2；餐廳『啄木鳥』

①完成模型

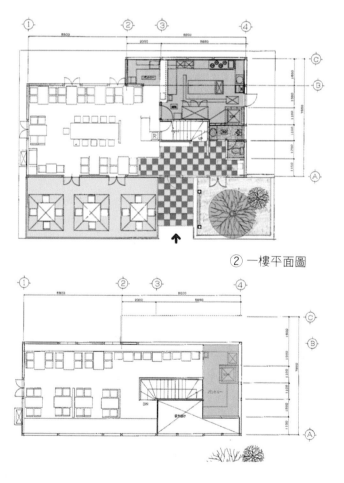

② 一樓平面圖

③ 二樓平面圖

## ⑷ 依據照片拼貼之表現

是將計劃前之現場照片拍攝、影印出，並基於計劃店舖之設計圖，如實際存在般，依據拼貼所形成之表現法。由於可以於實際之場所，檢討包含周邊在內之環境，因此對客户之説服效果也較高。

4-1：中央廚房 (Central Kichen)『SASAGAWA』之例中，是計劃將原本狀照片裡的傢俱倉庫建築物轉換成外送料理之中央廚房

### 4-1；中央廚房『SASAGAWA』

① 計劃之拼貼照片

② 現狀照片

③ 平面圖

將建築物之構造做原封不動之發揮，是屬於拼貼出外部裝飾圖像與環境整頓完成後之表現方法的一例。

4-2：室內裝飾屋『Gaudei』的例子是因為商店街大道的角落處有住宅及空地，為了使商店街能連續延伸，方才計劃轉換成店舖，現狀照片上方所表現出之計劃拼貼照片比較，以達到比較之效果，因此人物及街燈、車子仍殘留著。

## 4-2；室內裝飾屋『Gaudei』

① 計劃拼照照片

② 現狀照片

③ 平面圖

導向紙型式1

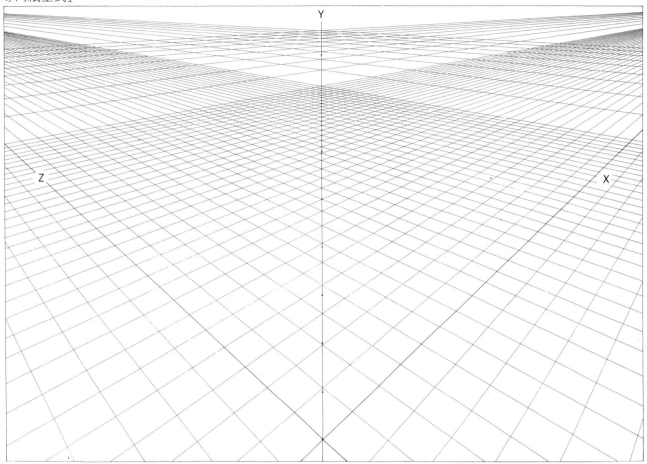

導向紙型式2

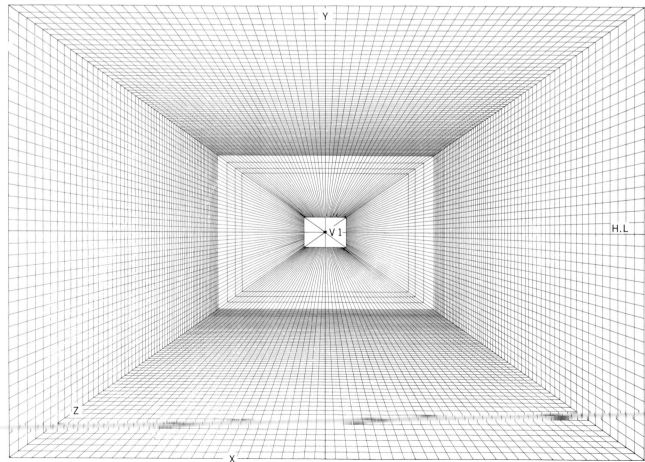

# ■爲描繪路線(path)之工具『導向』

當計劃內容大致上已決定後,向客户提出之路線及模型雖要求其正確性,但於描繪圖像、準備作業之階段或者與客户商談以決定設計內容等時,會描繪許多的素描,此時若能使用此路線(path)之導向紙,便可立即有立體之呈現。

導向紙共有五種。擴大複印至一定的大小並事先準備之,於商談之時巧妙使用打字機,附上描繪紙進行描繪,非常方便。

a

### 型式一

是依據路徑線X(門面寬)與路徑線Z(縱深),及垂線Y(高度)之導向紙,以45度、二消點為基準而構成線(Line)。

是使用於以俯瞰(鳥瞰)之角度描繪時。(參照事例二)

### 型式二

依據路徑線X(門面寬)與路徑線Z(縱深),及垂線Y(高度)所形成之導向紙。

藉由路徑線Z之消點V1,使路徑線X與通過V1之水平線HL成為平行。

以路徑線所構成之砂礫(grit),是使用於推算出X(門面寬)Z(縱深)Y(高度)各別尺寸之基準上。(參照事例b,c)

b

c

導向紙，型式三

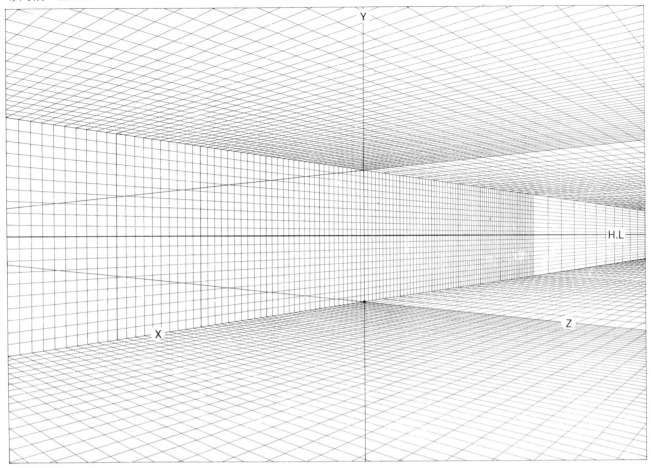

導向紙，型式四

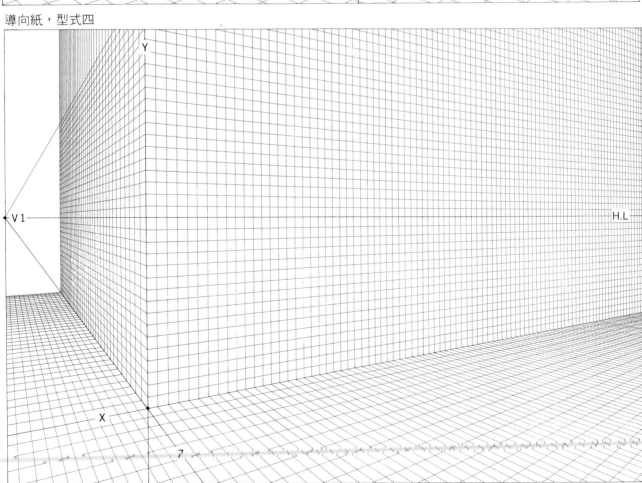

## 型式三

是視路徑線X為門面寬之基準線，視路徑線Z為縱深之基準線，而通
過其交點之垂線Y則視為高度之基準線，藉以描繪路徑(path)之紙
(Sheet)。

由於視點高度之水平線(HL)與X、Z之交點（由構架朝外）形成左右
之消點，因此若畫面仍有餘裕，亦可求取其消點以利用之。

主要使用於描繪內部裝飾路線時。（參照事例d,e）

d

e

## 型式四

於導向紙之構架內，以視點之高度設定水平線(HL)，以與構架之左
側交點為消點(V1)，是以60度、30度之二消點圖法為基準，使形成
標準角度之導向紙。路徑線X為門面寬，路徑線Z為縱深線。通過X線
與Z線交點之垂線Y則顯示出高度線。

以門面寬為主體所顯示出之外部裝飾路線(path)，或者是商業大廈內
之開放性店舖等，使用於此等之描繪。（參照事例f,g）。

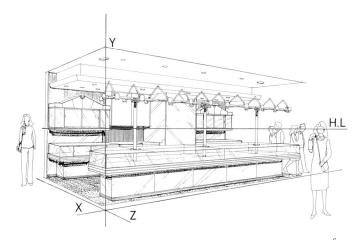

f

g

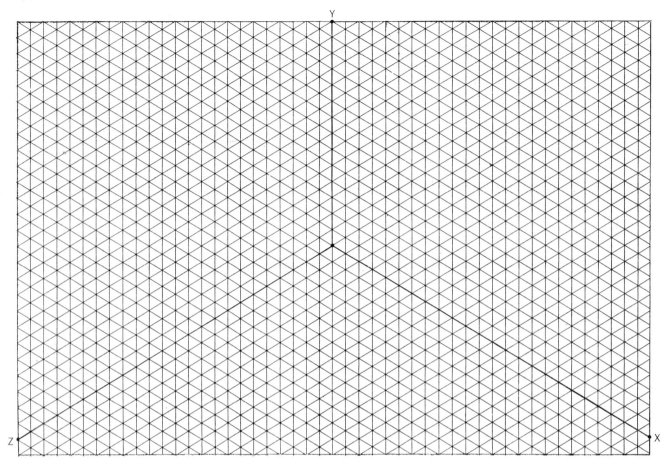

## 型式五

於描繪店舖什器、展示間、看板等比較小的東西，或狹小專櫃時，不取消點，若將垂線Y以高度線120°之角度來拉出X線與Y線，則X線為門面寬，Z線為縱深線。

描繪之物體的門面寬、縱深、高度之各個尺寸，若以縮尺取於X、Y、Z線上，則可得依據縮尺所產生之實測圖。

是屬於方便描繪店舖什器、傢俱、店內器物裝修等之姿態圖上。（參照事例h,i）

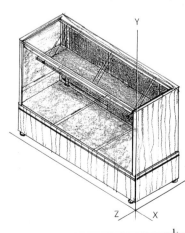

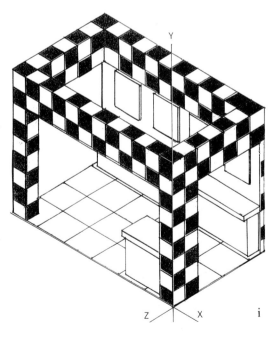

i

## ■建築圖面之平面顯示記號

| 記號 | 名稱 | 記號 | 名稱 | 記號 | 名稱 |
|---|---|---|---|---|---|
| | 一般出入口 | | 單片拉門 | | 雙邊敞開式窗戶 |
| | 雙邊敞開式門扉 | | 拉回式門 | | 單邊敞開式窗戶 |
| | 單邊敞開式門扉 | | 木板套窗 | | 交錯式窗戶 |
| | 自由開敞式門扉 | | 紗門 | | 方格窗 |
| | 回轉式門扉 | | 拉下式鐵門 | | 紗窗 |
| | 伸縮隔間牆（記載材質規） | | 雙邊敞開式防火門以及防火壁 | | 附拉下式鐵窗之窗戶 |
| | 折疊式門 | | 一般窗戶 | | 樓梯向上之顯示 |
| | 交錯式門 | | 上下式窗戶 | | |
| | | | 嵌死式窗戶 回轉窗 滑出式窗戶 突出式窗戶（記載開關方式） | | |

## ■材料・構造之顯示記號

| 顯示事項 \ 依縮尺程度別之區分 | 縮尺1/100或者1/200左右之情況 | 縮尺1/20或者1/50左右之情況（縮尺1/100或者是1/200左右之情況下亦可使用） | 原物尺寸及縮尺1/2或者是1/5左右之時（縮尺1/20 1/50 1/100或者1/200左右之下亦可使用） |
|---|---|---|---|
| 一般壁 | | | |
| 混凝土及鋼筋混凝土 | | | |
| 一般之輕量壁 | | | |
| 普通砌塊輕量砌塊 | | | 繪出實際形狀，記載材料名 |
| 鋼骨 | I | | |
| 木造及木造壁 | 真壁造法 管柱 通柱 單蓋柱 管柱 通柱 單蓋柱 大壁 管柱 通柱 柱 未區分時 | 化妝材 構造材 補助構造材 | 化妝材 記入年輪或木紋 構造材 補助構造材 合板 |
| 地基 | | | |

| 顯示事項 \ 依縮尺程度別之區分 | 縮尺1/100 1/200左右之時 | 縮尺1/20或1/50左右之時（縮尺1/100或者是1/200左右之下亦可使用） | 原物尺寸及縮尺1/2或者1/5左右之時（縮尺1/20 1/50 1/100或1/200左右之下亦可使用） |
|---|---|---|---|
| 毛石、碎石 | | | |
| 砂礫、砂 | | 記載材料名 | 記載材料名 |
| 石材或疑似石 | | 記載石材名或疑似石名 | 記載石材名或疑似石名 |
| 泥互匠精加工 | | 記載材料名或精加工種類 | 記載材料名或精加工種類 |
| 榻榻米 | | | |
| 保溫吸音材 | | 記載材料名 | 記載材料名 |
| 網 | | 記載材料名 | 金屬網 鋼絲網 紗網 |
| 平板玻璃 | | | |
| 瓷磚或赤土陶 | | 記載材料名 | |
| 其他之材料 | | 繪出輪廓，記載材料名 | 繪出輪廓或實際形狀，並記載材料名 |

| 照明器具 | | 電線插頭 | | 機器方面 | |
|---|---|---|---|---|---|
| 一般之天花板燈 | ○ | 天花板電線插頭 | ⊙ | 單相電動機 | Ⓜ |
| 吊燈 | ⊘ | 壁式電線插頭 | ⦂ | 三相電動機 | Ⓜ |
| 扣眼燈 | ◎ | 樓層電線插頭 | ⦂ | 單相加熱器 | Ⓗ |
| 下垂燈 | ◎ | 20A以上之電線插頭 | ⦂30A | 三相加熱器 | Ⓗ |
| 天花板燈 | ⓒⓛ | 二負載(L)以上之電線插頭 | ⦂2 | 電力量計 | Wh |
| 垂飾燈 | ⓒⓟ | 三極以上之電線插頭 | ⦂3P | 配電盤 | ⊠ |
| 管吊燈 | Ⓟ | 防水式電線插頭 | ⦂防爆 | 分電盤 | ◢ |
| 美術燈 | ⒸⒽ | 防爆用電線插頭 | ⦂防水 | 通訊方面 | |
| 聚光燈 | ⓢⓟ | 附P燈之電線插頭 | ⦂L | 電話用電源插座 | ⊙ |
| 插座 | Ⓡ | 附接地線之電線插頭 | ⦂E | 用戶電話機 | Ⓣ |
| 托架燈 | ◖ | 閃滅器 | | 公用電話機 | ⓟⓣ |
| 屋外燈、街路燈 | ⊕ | 一般閃滅器 | ● | 內線電話機 | Ⓣ |
| 二盞式日光燈 | ⊢○⊣ | 調光器 | ⦕ | 配線盤 | MDF |
| 一盞式日光燈 | ⊢○⊣ | 搖控式開關 | ●R | 交換機 | ⊠ |
| 緊急用白熾燈 | ● | 自動開關 | ●A | 傳眞機 | M F |
| 緊急用日光燈 | ◼○◼ | 搖控式繼電器 | ▲ | 對講機 主 ⓣ 附 ⓣ | |
| 緊急用白熾燈 | ⊗ | 選擇器開關 | ⊗ | 音樂・電視 | |
| 緊急用日光燈 | ⊢⊗⊣ | 單相開關器 | Ⓢ | 插座 | Ⓙ |
| 避難口誘導用白熾燈 | ⊗ | 三相開關器 | Ⓢ | 放大器 | AMP |
| 避難口誘導用日光燈 | ⊢⊗⊣ | | | 擴音器 | ◈ |

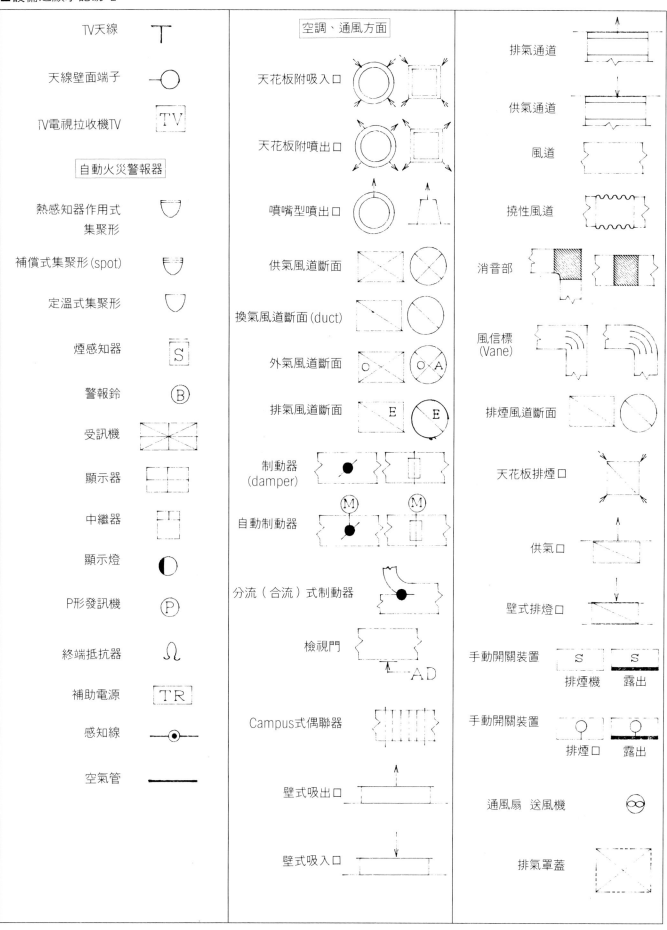

| TV天線 | |
| 天線壁面端子 | |
| TV電視拉收機TV | |

自動火災警報器

| 熱感知器作用式 集聚形 | |
| 補償式集聚形(spot) | |
| 定溫式集聚形 | |
| 煙感知器 | |
| 警報鈴 | |
| 受訊機 | |
| 顯示器 | |
| 中繼器 | |
| 顯示燈 | |
| P形發訊機 | |
| 終端抵抗器 | |
| 補助電源 | |
| 感知線 | |
| 空氣管 | |

空調、通風方面

| 天花板附吸入口 | |
| 天花板附噴出口 | |
| 噴嘴型噴出口 | |
| 供氣風道斷面 | |
| 換氣風道斷面(duct) | |
| 外氣風道斷面 | |
| 排氣風道斷面 | |
| 制動器 (damper) | |
| 自動制動器 | |
| 分流（合流）式制動器 | |
| 檢視門 | |
| Campus式偶聯器 | |
| 壁式吸出口 | |
| 壁式吸入口 | |

| 排氣通道 | |
| 供氣通道 | |
| 風道 | |
| 撓性風道 | |
| 消音部 | |
| 風信標 (Vane) | |
| 排煙風道斷面 | |
| 天花板排煙口 | |
| 供氣口 | |
| 壁式排燈口 | |
| 手動開關裝置 | 排煙機　露出 |
| 手動開關裝置 | 排煙口　露出 |
| 通風扇　送風機 | |
| 排氣罩蓋 | |

113

## 給排水熱水、瓦斯

| 名稱 | 記號 |
|---|---|
| 給水栓 | |
| 混合栓 | |
| 給熱水栓 | |
| 噴水器 | |
| 散水栓 | |
| 地板排水凝水閥 | |
| 屋頂排水管 | |
| 洗鞋栓 | |
| 地板上掃除口 | CO |
| 地板下掃除口 | CO |
| 潤滑脂阻集器 | GT |
| 油阻集器 | OT |
| 鼓式凝水閥 | DT |
| 間接排水軸承 | |
| 粗孔盂 | |
| 附共同栓之排水金屬器 | |
| 凝水槽 | T / T |
| 污水槽 | |
| 雨水槽 | |
| 隱蔽式公共槽 | |
| 供水表 | M |
| 瓦斯表 | GM |
| 瓦斯測漏探知器 | G |
| 瓦斯上昇管 | |
| 瓦斯栓塞 | |

## 消防設備

| 名稱 | 記號 |
|---|---|
| 屋內消防栓 | |
| 屋外消防栓：台座型 | H |
| 屋外消防栓：埋設型 | H |
| 送水口 | |
| 放水口 | 單口 / 雙口 |
| 灑水器 壓力器閉鎖型 | |
| 灑水器 壓力頭開放型 | |
| 水噴露壓水頭 | |
| 泡沫壓力頭 | |
| 火災感知用壓力頭 | |
| 噴射壓力頭 | |

### 配線

| 名稱 | 記號 |
|---|---|
| 天花板隱蔽配線 | |
| 天花板隱蔽配線 | |
| 明線配線 | |
| 電線之連接線 | |
| 開始 | |
| 歸回 | |
| 直接通過 | |
| bull-box | |
| 配電點 | |
| 檢視口 | |
| 接地 | |

## 配管

| 名稱 | 記號 |
|---|---|
| 給水管 | |
| 熱水供應輸送管 | |
| 熱水供應回送管 | |
| 空氣去除管 | A |
| 排水管 | |
| 通氣管 | |
| 瓦斯供給管 | G |
| 液化石油瓦斯管 | PG |
| 冷煤吐出管 | RD |
| 冷煤吸入管 | RS |
| 冷媒液管 | RL |
| 冷凝管 | D |
| 鉛管 | L |
| 銅管 | Cu |
| 黃銅銅管 | B |
| 不鏽鋼銅管 | SUS |
| 混凝土管 | C |
| 石綿水泥管 | A |
| 陶瓷管 | T |
| 硬質氯乙烯管 | V |
| 聚乙烯管 | P |
| 乙烯基襯裡銅管 | VL |

| | | | | |
|---|---|---|---|---|
| 冰淇淋展示櫃(Ice-cream show-case) | ISC | | 女廁所 | W・WC |
| 鋁製門 | AD | | 天花板燈 | CL |
| 鋁製塗料 | AP | | 鋼鐵 | S |
| 一槽式污水槽 | S | | 舞台（旋轉台） | ST |
| 入口 | ENT | | 不鏽鋼 | ST |
| Work-in | WIN | | 製冰機(Ice maker) | IM |
| 空氣流通管 | AD | | 倉庫(Stock room) | SR |
| 電扶梯 | ES | | 下垂燈(Down-light) | DL |
| 乳劑塗料(emulsion-paint) | APE | | 輸送空間(duct-space) | DS |
| 電梯 | EV | | 棚架 | Sh |
| 油性塗料 | OS | | 送菜吊機 | DW |
| 油畫顔料 | OP | | 男廁所 | M・WC |
| 大樑 | G | | 垂飾 | CH |
| 櫃檯 | CT | | 烹調台、作業台 | WT |
| 櫃檯展示箱 | CTs | | 吊架 | Csh |
| 瓦斯烤爐 | GAO | | 吊櫥 | CDS |
| 瓦斯小爐子 | GAC | | Desyap式櫃檯 | DCT |
| 瓦斯桌 | GAT | | 陳列展示櫃 | DPC |
| 通風扇 | VET | | 陳列用旋轉台 | DSt |
| 基準地基面 | GL | | 陳列架 | DPs |
| 基準地板面 | FL | | 陳列用桌 | DPt |
| 基礎 | F | | 陳列用間架(Display panel) | DPP |
| 基礎小樑 | FB | | 調合器(Dispenser) | DIP |
| 基礎樑 | FG | | 辦公桌(desk) | D |
| 強化多元酯樹脂 | FRP | | 鋼筋混泥土 | RC |
| 空調機 | AC | | 鋼骨式鋼筋混泥土 | SRC |
| 透明亮漆 | CL | | 鋼骨構造 | S |
| gristop | GT | | 電氣配管空門 | ESP |
| 日光燈 | FL | | 電氣烤箱 | ER |
| 輕量氣泡混凝土 | ALC | | 構架 | T |
| 輕量鉄骨 | LGS | | 托盤台架 | Tst |
| 小樑 | B | | 二槽式污水槽 | SW |
| 冷盤低溫桌台(Cold-table) | COT | | 高級展示櫃 | HC |
| 混凝土砌塊 | CB | | 通路空間(pipe space) | PS |
| 環形日光燈 | FCL | | 柱 | C |
| 服務站(Service Station) | SVA | | back-room | BR |
| 樣品櫃 | Spc | | 嵌死（固定） | Fix |
| 試穿室(Fitting room) | FR | | 吊架 | Hg |
| 百葉窗（or拉下式鐵門） | SS | | 吊架式展示櫃 | HgC |
| 美術燈 | CH | | 塑膠漆 | VP |
| 餐具櫥櫃 | DSh | | 啤酒冷卻器 | BC |
| 展示櫃(Show-Case) | SC | | 吊勾架 | Hhg |
| 展示櫥窗 | SW | | 船型污水槽 | Fs |
| 展示櫥窗旋轉台 | SWT | | flyer | FY |

| | |
|---|---|
| 托架 (bracket) | BL |
| 灰膠紙柏板 | PB |
| 柔性板 | FB |
| 包裝台 | PT |
| 盒櫃架 | Bsh |
| 間柱 | P |
| 木製門 | WD |
| 木製窗 | WW |
| 沸水器 | HW |
| 架子 (rack) | RC |
| 有效範圍 (Reach-in) | RIN |
| 收銀櫃 | R |
| 冷藏庫 | F |
| 冷凍冷藏庫 | FRF |

備忘

■店舖之相關連用語（50音順）

△同一性(Identity)
明顯顯示出自我之存在，企業形象之提昇，活性化(CI)。商業方面指的則是經營政策與消費者所具有之形象(Imagine)的一致。

△AIDDMA之法則
為顯示人類消費行動特徵，取英文頭一個字母之造語。當人類購入商品時，首先會注意(Attention)其商品，接著是有興趣(Interest)，湧現慾望(Desire)，並停留於記憶(Memory)，再產生行動(Action)。

△空載時間(Idle time)
於店舖之營業上是指來店顧客較少的時段。

△島嶼式陳列(Island display)
店舖賣場之配置中，除壁面四周圍以外，由什器所構成一島嶼(Island)，或其一部份之陳列。

△銷路店舖(Outlet Store)
折價銷售廠商滯銷品之小型販賣店。
從美國開始而傳至日本，不僅止於滯銷品之販賣，它藉由流通管道之短縮而朝折價方向前進。為『價格破壞』之德惠行為。

△接近(Approach)
店舖設計方面是指準備必要之資料，嘗試營業上之接近及推銷。

△舒暢(Amenity)
快適性之意

△天線型商店(Antena shop)
各個廠商對於自己公司的產品，為了了解其市場性，與零售店相同之立地條件租借之商店

△初期成本(Initial cost)
為開店初期所投資之費用及支出。

△技術革新(Innovation)
指包括新製品開發、新市場開拓、組織革新在內之技術革新

△宣傳活動(Event)
為促進販賣之文娛活動

△內藏型商店(In-shop)
為規模較大的店舖中，備齊獨特性商品之小規模店舖。

△賣場提昇(Instore Narketing)
賣場中要如何下工夫才能提昇營業額？尤其是指商品之陳列及演出之研究。

△慾望(Want)
需求(need)為顯在性慾求，慾望則是屬於潛在性的慾求。

△臨水區(Water-front)
為『面向河川或海』之意，將臨水之空間再開發成休閒區或商業街區等都市之新的繁華街道，非常可行。

△素描
預想繪畫或透視圖完成前之試繪畫稿。

△區域市場(Area marketing)
依據擁有固有商圈特性之各別地域，密著且對應之市場諸機能，以圖達成目標之戰略。

△店舖過多(Over-store)
於地域內，由於超過需要以上之店舖開店而形成競爭激烈化之狀況。

△日程安排表(Gantt-cart)
一般是指管理單純工程之圖表，使用於工事之工程表上。

△客動線
為客於店內之動向。

△客導線
為掌握一般之客動線，並誘導至強化銷售商品處，對通道及商品之陳列下一番工夫，以製造顧客購買機會之誘導動線。

△顧客層
分為人口統計學上之顧客層（年代層、所得層、生活樣式別）、生活行動別及購買行動別顧客層。

△容量(Capacity)
店舖方面是指商品之收納及顧客的收容能力。

△主租店戶(Key-teant)
於商業大廈等之租店者(te nant)中，最具有集客力之店舖。

△顧客(Client)
店舖方面是指設計的委託主。

△梗概(Synopsis)
概要。

△淋浴效果(Shower)
於百貨公司或商業大廈等，若上層樓舉辦宣傳活動，則可誘導下層樓之顧客往上層樓之效率。

△模擬試驗
設定實際場面，於桌上或電腦上實際之意

△骨胳(Skeleton)
建築方面是指內部裝飾未精加工之軀體工事狀況。

△店舖概念(Store concept)
於店舖計劃中，進行商業環境之現狀分析，並掌握店舖是位於何種狀況下。藉由此過程以明確出『問題點之發現與店舖之方向』，並立定實施計劃。

△店舖整修(Store-renovation)
從店舖之再開始擴大至更廣泛視野，且為對應生活者及立地、商圈等之變化，綜合心生地組合商品計劃、市場性及設施計劃等，並再編成立。

△促銷(Sales promotion)
對於商品，為提昇顧客關心度之活動或促販。

△都市劃分地區(Zoning)

店舖方面是指大型商業設施等,其各樓層之構成設定、機能及利用之區分。

△工具(tool)

工具或具有近似於工具之機能者。

△組織構造(texture)

物質所擁有的組成性物質,材質感。

店舖之設計方面,除型態、色彩、構造等之外,材質感亦為重要之要素。

△設計概要

店舖設計不僅僅止於造形之思考及形象的追求,於『客戶』『商品』『店舖設施』『販賣方法』等之連動中,設定設施設計之適確化與新鮮化之方向。

△開發者(developer)

進行都市開發或住宅開發之業者

△次元(dimesion)

如幅寬、縱深之平面二次元,及立體之三次元等。

△人口統計分析

將人口依年齡、性別、地域、已婚、未婚等之構造變化,統計性地分析之意。

△趨勢(trend)

傾向、流行之前端、動向等之意義。

△需求(need)

即『欲求』『需要』之意。

△贈品

為達到廣告之宣傳效果,引起顧客之注目及關心而發送之樣品或小禮物

△宣傳

一般之記事或播送中所告知的間接性廣告、文宣

△公共空間(Public Space)

建築物之內外空間中,一般市民可利用之開放空間。

△視覺溝通(visional communication)

視覺傳達,運用視覺手法傳統各種標幟物予對方討論

△POP

即Point of purcase之略語。

是位於店頭或店內等賣場之廣告

△建物正面

店舖設計方面是指成為店舖顏面之主要外部裝飾面。

△試衣室(ditting room)

試衣室。服飾精品店等等試穿修正尺寸用的小房間

△商品陳列(facing)

為了使顧客容易看到、容易選擇而適當擺設商品之作業稱為商品陳列。

△合成照片

組合照片或者在照片中插入圖案等的組合狀態

△架構工作(Frame-Work)

於整體計劃中,決定其業務範圍及內容程度之意。

△流程圖(Flow-chart)

將資料之流動及作業程序以圖式顯示,使能正確掌握,達到效率化。

△小展示間(booth)

於展示會場中隔成一小塊做為展示商談用的展示間。

△表現(Prsentation)

店舖設計上,於企劃之階段時依經營計劃作成設施設計之概要書,向委托者提案並進行說明之意。

△情節(Plot)

概要、構思。

△POS系統

為Point of Sales System之略語。

是指於顧客購買時之資訊系統。以掃瞄器讀取標價上之商品名及價格,依據其資料處理所進行之販賣管理。

△主計劃(Master Plan)

指成為計劃核心之基本構想。

△原型(Matrix)

即母型之意

△手冊(Manual)

指記載業務方法及過程,並標準化之指引書。

△市場銷售(Marketing)

指商品或服務從生產者至消費者或使用者為止,有關流通之企業活動。

△商品供應計劃(Merchandising)

於商品化計劃中,在適當的場所、適當的時期,以適當的價格及數量提供適性之商品,為達到此所立定之政策。與市場銷售有密切之連動性。

△媒體

報紙、雜誌、電視、廣播等等,交流溝通的媒體。此外還有交通廣告促銷商業的媒體。

△比例基準(Module)

各部位相關連對襯基準之尺度

△購買動機調查(Motivation reserch)

市場中,生活者所持有的購買動機為何之調查。

△壽命周期(Life cycle)

依據人生舞台所組合而成之人的一生。

△人生舞台(Life Stage)

是指人從出生、入學、就職、結婚、小孩誕生、小孩獨立、退休、後半輩子等,依年代階段別等之區分。

△運行成本(Running cost)

開店後,為持續經營所支出之費用。

△再構築

為對應社會時代之變化，企求企業經營的安全與發展，進行體質之強化及各部門之重新審視，再次構築成健全之狀態。

△復生(Renewal)

店舖計劃中是指營業政策上之活性化及店舖設施之改裝。其目的在於營業額及利益之增加。

△精工(retort)食品。

調查後的食品裝入耐壓、耐熱性的袋內，再於高溫高壓下加熱殺菌的保存食品，每袋浸泡熱水3～15分鐘，即可食用。

△繁華區(Location)

商業立地之意。店舖為求安定之永續經營，必須不斷掌握變化中之商業立地。

△閣樓(Loft)商法

改告倉庫成為畫廊或工作室，或利用為店舖等，尤其是位於港灣之倉庫街等，可視為臨水區(Water-front)而再生利用之。

△一次買完所需商品店(One-Stop Shopping)

可於一處商業設施一次買完所有購物品之狀態。其設施內之業種、業態、項目種類必須很多，而規模也必須很大。

備忘錄

備忘錄

# Ⅱ、店舖設計和功能

「店舖設計」並不是單純創造一個顧客購買商品的場所（店舖）而已，而是要克服經營店舖的各種負面條件，滿足顧客的購買慾望，同時，為了店舖的繁榮發展，在市場管理上要做市場調查及商品計畫，並創造出一個有效且有魅力的空間印象。

```
1：所謂的店舖設計
2：店舖設計及經營政策
 (1)和店舖的營業政策有關的檢查重點
 (2)和店舖設備的投資費用有關的檢查重點
```

## 1：所謂的店舖設計

基本上，這是實施以已確立的經營理念的店舖政策為基礎的店舖設備的設計及其機能的計畫

下圖表示店舖和店舖設計的相關事項。

考慮店舖的基本功能，「追求利潤」乃是經營者的目標（目的），而使用者（顧客）則從自己的生活型態來利用能滿足其購買慾望的場所及手段。而店舖則是兩者的媒介。為了達成經營目標的要素是「店舖的硬體計畫」，符合顧客需求的要素則是「店舖的軟性計畫」，為了調和這些關係及提高事業收益，就必須做店舖設計。要檢討數字無法估計的顧客需求，及符合該需求的「創造店舖印象」及「設計功能」。最受歡迎的設計是具有販售商品、建築條件、店舖方式、設備、什器、傢俱等關係的有效機能，能讓營業活動順利進行的設計。

## 2：店舖設計及經營政策

已經提到「1：所謂的店舖設計」，確立了店舖設計的基本經營理念，根據店舖政策來設計設備的機能。為了進行計畫，設計必須符合營業政策及設備的投資費用。

以下就是重點。

(1)店舖營業政策的相關重點

(1)店舖概念和店舖設計的關連

(2)商業環境的變化和店舖設計的傾向

(3)檢討競爭店的現狀及店舖設計的差別化、個性化

(4)設定顧客層次及店舖印象的檢討

(5)廣告宣傳活動及店舖印象的檢討

(6)商品價格（飲食相關店舖時：菜單單價，顧客單價）和店舖印象的等級的檢討

(7)催事企畫及店舖空間的檢討

(8)POP廣告的設計及店舖印象的檢討

(9)開始企畫及店舖印象的檢討

(10)季節變化和店舖印象的檢討

(11)營業政策及店舖設備的綜合Shumilation

(12)其他

(2)對店舖設備投資費用的相關重點

(1)和店舖企畫、設計、設計監督管理有關的費用檢討

(2)計畫行程和費用的相關性

(3)店舖設備的工程預算檢討

(4)在tenant開店時：確認內裝監督管理的費用、負擔金額等

(5)工程區分及工程預算分配的檢討

(6)關於工程方面的檢討

(7)其他

## 3. 店舖的基本功能及空間的組成

店舖的機能因業態、業種而有不同的商品組合及販賣方法，也因設定的顧客群而有所不同，對應的店舖印象也各不相同，但是基本上可分為：認識店舖的通行顧客，考慮進入店舖前的宣傳效果……「前方功能」和導致顧客購買的商品、店內印象、店員的實際行為……「中心機能」及店舖全體的經營……「後方機能」。

下面是主要業種、業態別的功能及組成圖。

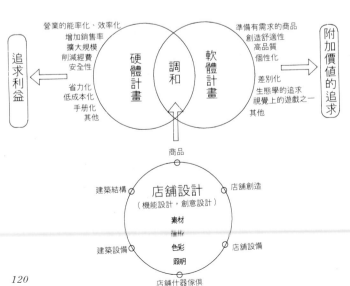

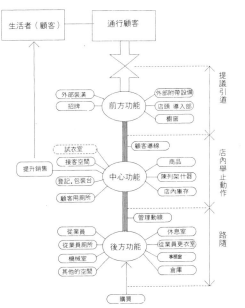

商店的功能及空間組成

商店的功能組成。點線框框和衣服有關的店舖的必要功能。

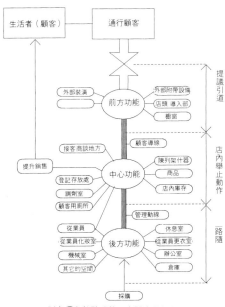

藥局的功能和空間組成

以必須有特殊功能、空間店舖的藥局爲例

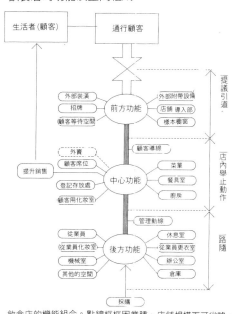

飲食店的功能及空間組成

飲食店的機能組合。點線框框因業種、店舖規模而可省略。

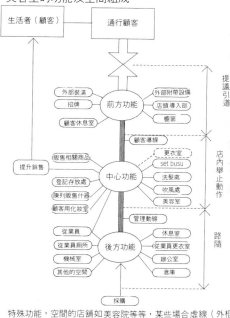

美容室的功能及空間組成

特殊功能，空間的店舖如美容院等等，某些場合虛線（外框可以省略

3：店舖的基本功能及空間組成

　3-1：前方功能

　(1)店舖和所有道路間的關連

　(2)店舖的形狀

　(3)店舖的外部裝潢計畫

　(4)店頭、導入部份

　(5)櫥窗的功能

　(6)店舖的出入口

　3-2：中心功能

　(1)販售店的店內規劃

　(2)商品組成及賣場的規劃

　(3)販售型態

　(4)商品的陳列、收藏功能

　(5)商店的什器

　(6)飲食店的店內規劃

　(7)廚房計畫

　(8)顧客用廁所

　3-3：後方功能

　(1)辦公室的功能及空間

　(2)其他的後方空間

‧前方功能

前方機能必須有讓顧客知道店的存在的訴求機能、處理商品及賣法的告知機能及將通行客引入店內的誘導機能。透過店舖媒介的是最初的宣傳階段，而由招牌、外面裝潢所接受的印象、停車場等附帶設備的便利性等也是顧客選擇店舖時的重大要素。而櫥窗的魅力、看通店內，容易入店等都是將顧客導入店內的必要條件。

‧中心機能

顧客進入店內後，要讓他有全體空間印象的感覺，同時，要讓顧客對商品有很強烈的興趣，有購買目的就會選擇商品。有滿足購買慾望的商品的話，就能用自己的「尺度」來玩味流行性、品質及價錢。不比其他店差。店家充份調查、研究顧客的心裡後訂立政策，再來做「決定購買」導向的對應。透過「商品＋附加價值」，顧客的需求及店舖的營業目的就會引起購買慾。商品本身的魅力是必須的，容易看、容易選擇的陳列，什器的設計、功能商談的空間、登記功能、顧客用廁所的空間等，和促進銷售一致的賣場組成及功能是必須的。

‧後方功能

是和採購處的交涉及營業事務的空間，具有商品分類及庫存功能、從業員的福利設備（休息室及更衣室等）、店舖的維護上所需的空間及功能等、店舖的總合經營及管理功能。

### 3-1：前方功能

#### (1) 店舖和前面道路間的關連

店舖前面有步道時（圖1-b），縱使步道和店舖很接近，也不會妨礙誘導通行客來店，而地基連接道路時（沒有步道），通行者會被通行的車輛吸引，就不會將視線放在店舖就通過。這就像（圖1-a）般，在地基和道路之間設空地，創造出踏入店頭的空間，讓通行者有個安全地帶，也容易引導顧客入內。店舖前面的步道和店的地上有差別時，會阻礙顧客到店裡面，所以要有個平坦地

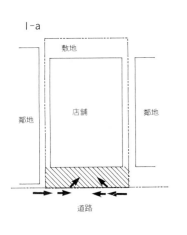

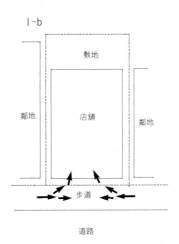

箭號表示通行者的動線

#### (2) 店舖的形狀

一般店舖的形狀，正面寬度到深度一般是長方形（圖2-c）或正方形（圖2-d），路面店舖會因基地而呈L型（圖2-e）或不同的形狀。

商店街中的店舖就像「鰻魚的被窩」般，正面寬度狹小，縱深長。相反地，有的店舖則面寬大，長度淺（圖2-f）。若非正方形或長方形，則有較不利的條件，必須要有所對應才行。

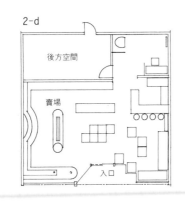

#### ● L型店舖的問題點

L型店舖（圖2-e）有左右逆轉型（圖2-f）及上下逆轉型（圖2-g），不管是哪一種，都有隔壁店舖深入，基地變形的情況。

(1)L型的短邊和前面道路相接時（圖2-g），裡面彎曲的空間，需要多些人手來誘導顧客。

(2)面寬狹小、長度深的店舖也有同樣的條件。

(3)若是飲食店、設有顧客席時，回轉率差，容易成為死的空間。

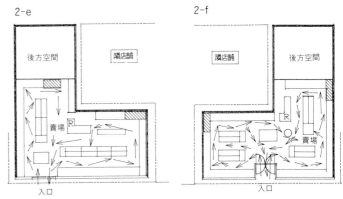

#### ● 解決的重點

(1)最裡面的空間做為後方部門，若為飲食店則和後方功能配合，當做廚房。
（參照圖2-g）

(2)為了讓顧客能逛整個店，把深處的商品陳列（斜線部份）當做重點。（參照2-e,f）。

(3)為了應付店裡的客人及商品管理，要把包裝台設在適當的位置。

(4)其他。

●面寬窄、長度大的店舖問題點（參照圖2-h）

(1)面寬窄的店舖、外部裝潢所佔的面積也小，就無法給通行者很深的印象。

(2)顧客很少到裡面，所以裡面商品的周轉性差。

(3)店內空間不寬，顧客沒有商品的體積感。

(4)店內通路非複數時，顧客的動線就和從業員的服務動線重覆。

(5)登記、包裝功能在裡面時，就不能應付顧客及做商品管理。

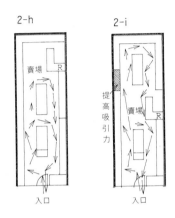

2-h　　2-i

賣場　R

提高吸引力

賣場　R

入口　　入口

●解決的重點　　　　　　　　　　　　　　（參照圖2-i）

(1)外部裝潢是個性的訴求。

(2)在店內、深度長的顧客動線上，在其中間位置加上導入內部的商品魅力。

(3)為了確保店內顧客觀看的動線，要在登記、包裝台的位置上下工夫。

●面寬大深度短的商店問題點　　　　　　　（圖 2-j 參照）

(1)在顧客的動線上，一進入口就面對深處面而做橫向移動，就不能充份看準商品。

(2)入口須多數時，會使得顧客的參觀性不好，容易喪失購買的機會。

(3)設置多數入口時，為了應付店內的顧客，就必須增加從業員的人數。

(4)為了讓顧客看穿店內的深處，如果不引起通行者的興趣的話，顧客只在外面看一看就過去了。

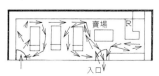

2-j

賣場　R

入口

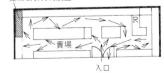

2-k

提高吸引力的演出

賣場　R

入口

●解決的重點　　　　　　　　　　　　　　（參照圖2-k）

(1)讓面寬寬廣的外部裝潢面生動，讓商品有吸引力。

(2)讓前面的透視度良好，提高裡面壁面的商品的展示（斜線部份）的視覺效果，吸引顧客到店裡面來。

(3)入口做一個大地方，在其影響下，在長的顧客的動線途中，更能吸引客，讓顧客能參觀全部。

●面寬大長度短的飲食店的問題點及對應　　（參照圖2-l）

(1)沒有寬廣的顧客席，以開放廚房及櫃檯為中心來組成。在通路上的席次或有空間就做四人席次，沒有空間就做二人席次，若面寬更狹窄，只設櫃檯席次即可。

(2)入口儘可能是一個場所，遠處顧客席要能從開放廚房走路服務（箭號表示服務動線）。

(3)廚房調理人的視線要和櫃檯顧客的視線同高。

(4)櫃檯席次較高的話，尾部就會有桌席的表面，所以櫃檯的高度要和桌子配合。

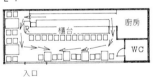

2-l

櫃台　廚房

WC

入口

●面寬窄、長度深的飲食店的問題點及對應　（參照圖2-m）

(1)面寬窄的話，店舖外觀的裝潢就弱，必須有個性地強力吸引通行者。

(2)顧客席和面寬大時一樣，以櫃檯席次為主，因廚房的關係，使櫃檯席高的話，要採取面向牆壁的櫃檯方式，讓顧客沒有背對著的意識。

(5)其他

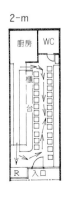

2-m

廚房　WC

櫃台

R　入口

## (3) 店舖的門面（外部裝潢）計畫

店舖的門面是吸引通行者的「店舖的臉」。其表情就是賦予通行者多少印象，能否引他們入店的重要因素，並不是只給他們強烈印象就好。要檢討下面的要素再來設計。

### ● 決定店舖門面的要素

(1) 和周遭環境的調和

(2) 材料的耐久性

(3) 門面的格調

(4) 和產品等級的平衡

(5) 和店頭、店內印象的統一性

(6) 和sign設計的調和

(7) 和競爭店印象的差別、個性化

(8) 全體訴求效果的檢討

(9) 檢討基本價

(10) 其他

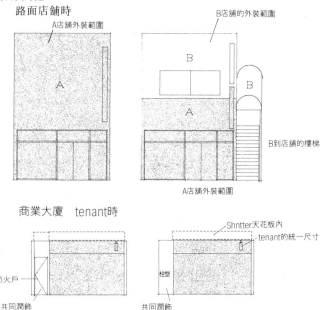

路面店舖時

商業大廈　tenant時

## (4) 店頭、導入部份

在路面店舖和商業大廈的tenant開店時，店頭、導入部份的組成就不同。又，因業種、業態而有不同的部份，但是，基本要素如下所述。

### ● 店舖的開放度

店舖全部劃分面積的程度。

用玻璃屏或櫥窗來區隔店頭的面積大的話，開放度就小，沒有區隔的話，開放度就大。

開放度小時：

(1) 通行者難以入內。

(2) 店內的冷暖器效果好。

(3) 可以防外面的塵埃及噪音。

(4) 可提升店舖的等級。

開放度大時，就有和上述相反的優缺點。

### ● 店舖的透視度

外面的通行者能透視店內的程度。

店頭用有透視性的玻璃屏來區隔時，透視度就大，相反地，用不能透視的材料比例大的話，透視度就小。

透視度小時：

(1) 通行者就很難入內。

(2) 給人感覺較高級。

(3) 感覺商品價格較高。

(4) 店內有沈穩的氣氛。

透視度大的話，就沒有高級感，是較大眾的店。

### ● 店舖的深度

取陷入店頭部份的空間，通行者容易進入店內，可以提高導入效果。

陷入距離長，用櫥窗來吸引顧客的視覺時，深度要大，陷入距離短時，深度就小。

(1) 深度大時，店內空間就變窄。

(2) 櫥窗沒有魅力、透視度小的話，導入效果就會減半。

(3) 給人感覺高級。

(4) 其他

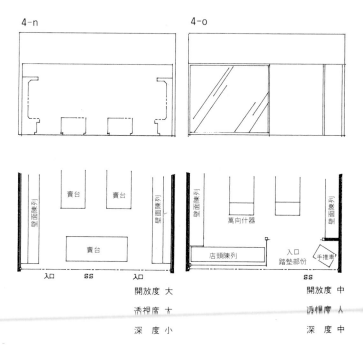

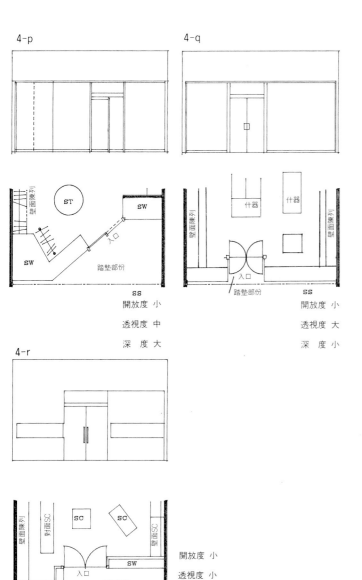

4-p 4-q

ST
SW
壁面陳列
壁面陳列
入口
SW
踏墊部份
SS
開放度 小
透視度 中
深度 大

什器 什器
壁面陳列
壁面陳列
入口
踏墊部份
SS
開放度 小
透視度 大
深度 小

4-r

SC
SC
壁面SC
對面SC
壁面陳列
入口
SW
SW
踏墊部份
SS
開放度 小
透視度 小
深度 中

圖4-n～r是從導入部平面上的組成和店舖正面的狀況來看開放度、透視度、深度關係的例子。

圖4～n：最近的店有很多，特別是青果店。

開店在商業大廈中的tenant，縱使是裝飾品店，整棟大廈都用空調時，若沒有塵埃，就可以使用開放度及透視度大的型。

4-0：多是食品店、日用品店、果子店等。

4-p：服飾店、室內設計用品店等。

4-9：藥局、鐘錶、眼鏡店等。

4-r：寶石、配件店、高級化妝品店等。

## (5) 櫥窗的功能

櫥窗可以有魅力地展示，主力商品及新商品可以吸引通行者的視覺，

吸引顧客入店來。在擺滿最新商品的店舖，縱使沒有特別用櫥窗來區隔，透過窗戶的玻璃面，向外陳列商品。圖4-9的型可以用在流行性高的服飾、室內裝潢用品、運動器材等，在裝飾品中，以顧客的興趣為導向來選擇商品時，可以用櫥窗（圖4-p）或窗戶來設定使用商品的場合和氣氛。一面檢討櫥窗的空間、位置和店舖面寬的大小、透視度、深度等的關係，一面設定讓顧客更容易進來的條件。

## (6) 店舖的出入口

### ● 出入口的位置

根據通行者來的方向及人數，把出入口設在最容易進入的位置上，一般，都設在通行量大的方向（6-s1）。

又，因業種、業態之不同，店頭的組成也不同，檢討一下開放度、透視度、深度等問題之後，再決定適當的位置。

### ● 出入口的數目

面寬廣的店舖，也有人設兩個出入口，出入口為多時，能吸引通行者的店頭機能就比較狹小，櫥窗的訴求力也分散了。（圖6-s2）

面寬的尺寸在6-7m時，店內的透視度大，櫥窗的訴求性，高只有一個出入口也能對應（圖6-s3）。

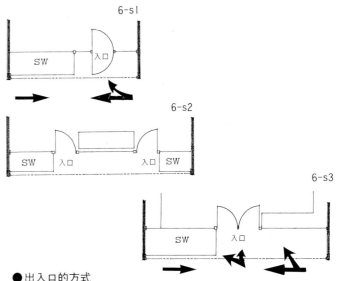

6-s1
SW 入口

6-s2
SW 入口 入口 SW

6-s3
SW 入口

### ● 出入口的方式

出入口的開關有手動式及自動方式。根據門的支撐點及開關的方向，可分為擺動方式和滑動方式。126頁的（圖-6-t1-t9）表示基本出入口的方式，在通行者多的地方，最低有2個人可以通行（圖6-t1或t2型）。和式店舖多用（圖3-1-t5,t7,t8）型。又，在車的通行量多，受灰塵、排氣的影響、有強風、雪影響的地區，就要設除風室，也有設兩段式出入口（圖6-t4）。店舖是不特定多數的人利用的地方，關於等級差別、幅員，特別要考慮老年者及用輪椅者。

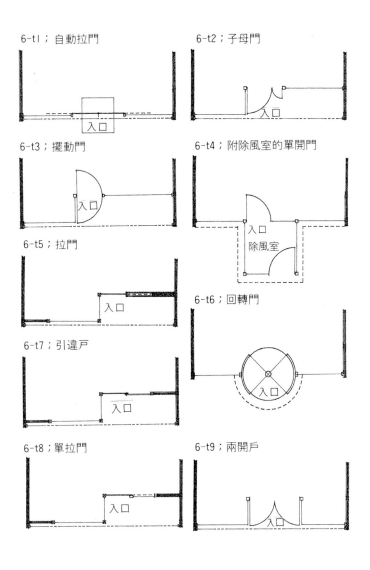

6-t1；自動拉門　　　6-t2；子母門

6-t3；擺動門　　　6-t4；附除風室的單開門

6-t5；拉門　　　6-t6；回轉門

6-t7；引違戶

6-t8；單拉門　　　6-t9；兩開戶

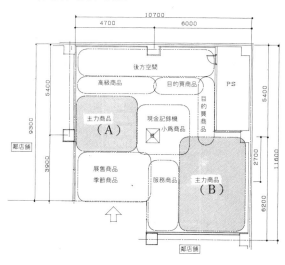

2-a：背包店的分區計畫

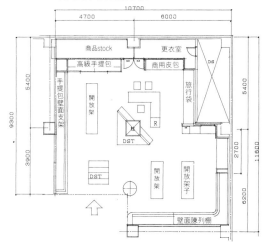

2-b：背包店的店舖陳設

## 3-2：中心功能

### (1)商店的店內陳設

「賣場」是陳列商品，讓顧客購買的地方。即，顧客和商品及銷售員發生「買賣商品」的營業中心的空間，決定店舖陳列時，「販賣面積」要佔多少是很重要的，要根據當初事業計畫的營業政策來探討商品的組成、陳列、販賣的方法，店舖什器或顧客的動線、通路等。

圖2-b更在2-a的壁面和island陳列各種商品，在這個階段，要配合商品的銷售合成比例，也要考慮商品的配置面積的分配。又，關於賣場的陳設，和經營者的資料配合，製作店舖面積分配表（商品販賣店）和商品組成尺寸也是很重要的。

### (2)商品的組成和賣場的陳列

首先，在商品計畫時決定商品部門陳列。在店面附近擺設能吸引顧客，利益低的醒目商品或季節性商品，賣場中央擺銷售最好的主力商品，賣場的裡面擺高級品及有目的購買的商品及附加價值高的商品。圖2-a是開在商業大樓的背包店區分計畫，顧客層為20年層及30年層，(A)區的主力商品以30歲層，(B)區以20歲層為標準。後方部門則考慮營業面積的坪數效率，只設商品儲藏，事務空間及職員的更衣室。

### ● 賣場陳列的重點

(1)商品的部門別分類和組成比例的檢討

(2)商品的銷售額度和組成比例的檢討

(3)商品的配置面積和組成比例的檢討

(4)檢討顧客的動線和商品配置的效果

(5)檢討壁面陳列和商品配置

(6)檢討island什器和商品量

(7)檢討販賣方法和什器的型態

(8)檢討櫃檯的位置和空間

(9)檢討有沒有顧客用廁所及其空間

(10)其他

## (3) 販賣型態

### ● 對面販賣方式

對面販賣方式的店舖一般用在肉店、鮮魚店、熟食店、便當店、西式果子店、日式果子店等生鮮食品相關店。

又，必須高價管理商品的貴金屬鐘錶店、需要專門指導、商量的化妝品店、調劑藥局等也將對面販賣方式導入賣場的一部份。

來店的顧客的視線和對面從業員的視線呈一直線時，會引起顧客的反感，所以擺設須考慮對面販賣（場所）的位置關係。

### ● 側面販賣方式

有的為了符合顧客的購買欲而讓顧客「可以自由地在店內參觀選購商品」，一般都採用可以自助服務的陳列。陳列的商品也以開放式為中心，讓顧客「容易看」「容易摸」，而且也考慮商品的新鮮度、部門別的相關配置，明確標示商品，讓顧客容易擇商品。

## 店舖面積分配表（東西販賣店）

| NO. | 室　　　名 | 面　積 m² | 構成比 % | 特記事項 |
|---|---|---|---|---|
| 1 | 賣　　　場 | | | |
| 2 | 客用廁所 | | | |
| 3 | 辦公室 | | | |
| 4 | 從業員廁所 | | | |
| 5 | 從業員更衣室 | | | |
| 6 | 休息室 | | | |
| 7 | 商品倉庫 | | | |
| 8 | 機械室 | | | |
| 9 | 開水室 | | | |
| 10 | | | | |
| 12 | | | | |
| 13 | | | | |
| 14 | | | | |
| 15 | | | | |
| | 合　　　計 | | | |

上記室名之外藥局有調劑室、衣料關連店舖有試衣室

## (4) 商品的陳列、收藏功能

商品的陳列有下面的基本型態。

● 擺設陳列……※商品重疊
　　　　　　　※商品並排
　　　　　　　※商品隨意放置

● 放置陳列……※把商品用針貼在鑲皮或壁面上。
　　　　　　　※把商品放在空間

● 吊著陳列……※掛在掛鉤、網或衣架上
　　　　　　　※從天花板或器具來吊

因商品的特性不同，陳列的效果就不同，「放置陳列」可以展示出設計別、尺寸別及色彩別。「貼著陳列」可透過壁面展示及櫥窗展示而達到有效的陳列，「吊著陳列」則可因店內isage的展示及衣架什器而陳列。

## 商品構成表

| NO | 商品部門構成 | 商品名稱 | 予測銷售額　千元 | 銷售額構成比% | 對賣場面積比% | 等級 |
|---|---|---|---|---|---|---|
| | | | | | | |
| | | | | | | |
| | | | | | | |

希望事項

## (5) 商店的什器計畫

必須檢討店舖什器的商品陳列及收藏方法、顧客的店內動作和商品的陳列範圍，從業員和顧客的對應等的相關尺寸、材料、設計，關於器具的成本方面，也要檢討材料的規格及和製作費用的關連及什器的經濟尺寸。

● 基本的店舖器具分類

(1) 展示架

一般展示櫥

高的展示櫥

矮的展示櫥

斜面展示櫥

開放展示櫥

(2) 手推餐車（wagon）

店頭販手推餐車

平台

(3) 衣架什器

單衣架

雙衣架

兩段衣架

棒架

環形架

(4) 系統什架

煙斗組合什器

玻璃組合什器

木製組合什器

網狀組合什器

(5) 吊車（gondola）什器

壁面吊車（單面）

島式吊車（雙面）

末端用吊車

角隅用吊車

(6) stage（等級）

平面stage

玩偶stage

組合stage

(7) 盒式什器

(8) 網狀器

(9) 冷凍冷藏櫃

Lichin型

對面型

縱型櫥

桌上型

平型

多段型

冷水櫥

(10) 服務用什器

登記台

包裝台

接客櫃檯

(11) 後方什器

商品儲藏架

商品移動二輪貨運馬車類

(12) 其他、因業種別、販賣型態的特殊什器

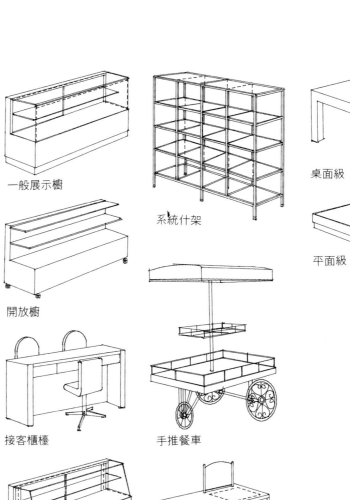

一般展示櫥

系統什架

桌面級

平面級

開放櫥

手推餐車

接客櫃檯

斜面展示櫥

登記台

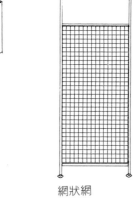

矮的展示櫥

盒形陳列架

網狀網

衣架什架

## (6) 飲食店的店內陳設

要和經營者商量訂立事業計畫階段所決定的營業政策及營業數值，整理陳列的必要條件、項目的店舖面積分配，表（和飲食有關），顧客席組成及菜單組成（p-130），製作地區規畫計畫。

首先，由顧客層決定的菜單組成及來店顧客數目而決定必要的廚房設備及空間，由顧客的利用性及回轉數來決定顧客席。決定營業上必要的廚房面積及顧客席次之後再來分配其他顧客用的廁所及後方的空間。

圖6-c是壽司店的區分計畫，位於公寓的一樓，從業員把顧客分為家庭顧客及附近的事業經營者，顧客席以家庭顧客為中心，用房間和櫃檯席來應付。為了提高廚房的生產效率，設置外帶角落。從業員的更衣室及其他的後方空間也是公寓的一部分。圖6-d是把區分計畫的內容更具體圖面化的平面圖，規畫出顧客席的類別、廚房器具及其他的必要功能。

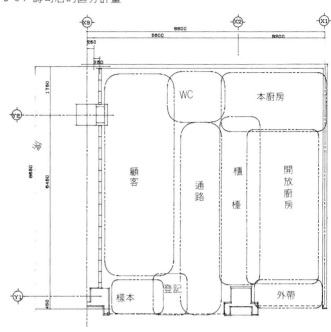

6-c；壽司店的區分計畫

### 店舖面積分配表

| 店舖面積分配表和飲食有關連 | | | 西元　年　月　日 |
|---|---|---|---|
| NO. | 房間名稱 | 面　積　m² 構成比 % | 特記事項 |
| 1 | 門口 | | |
| 2 | 一般桌子顧客席 | | |
| 3 | 個人室 | | |
| 4 | 櫃檯席 | | |
| 5 | 餐具室 | | |
| 6 | 廚房 | | |
| 7 | 顧客用廁所 | | |
| 8 | 從業員廁所 | | |
| 9 | 從業員更衣室 | | |
| 10 | 辦公室 | | |
| 11 | 休息室 | | |
| 12 | 倉庫 | | |
| 13 | 機械室 | | |
| | | | |
| | 合　計 | | |

希望事項
----------------------------------------
----------------------------------------
----------------------------------------
----------------------------------------
----------------------------------------

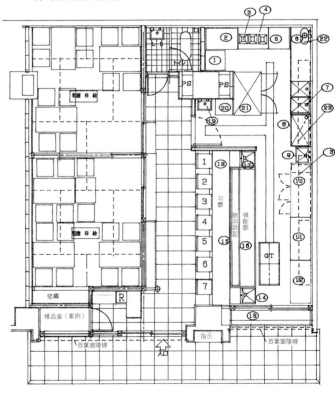

6-d；壽司店的店內陳設

| | |
|---|---|
| 1 rice robo | 13 外帶區 |
| 2 工作桌 | 14 單槽水槽 |
| 3 瓦斯桌 | 15 Meta case |
| 4 工作桌 | 16 船型槽 |
| 5 洗淨機 | 17 單槽水槽 |
| 6 工作桌 | 18 櫃檯 |
| 7 雙槽水槽 | 19 廁所L-5B |
| 8 船型水槽 | 20 製冷機 |
| 9 單槽水槽 | 21 冷凍冷藏庫 |
| 10 低溫桌 | 22 瓦斯瞬間沸騰器 |
| 11 工作桌 | 23 吊器 |
| 12 工作桌 | |

顧客席組成和菜單組成

| 客人座席構成的菜單 | | | | | | | | | | 西元　年　月　日作成 | |
|---|---|---|---|---|---|---|---|---|---|---|---|

| NO | 顧客席的類別 | 桌子尺寸 W | D | H | 桌數 | 椅子的尺寸 W | D | SH | H | 條數 | 特別事項 |
|---|---|---|---|---|---|---|---|---|---|---|---|
| 1 | 2人用 | | | | | | | | | | |
| 2 | 4人用 | | | | | | | | | | |
| 3 | 6人用 | | | | | | | | | | |
| 4 | 多人數用 | | | | | | | | | | |
| 5 | 角落席次 | | | | | | | | | | |
| 6 | 櫃檯席次 | | | | | | | | | | |
| 7 | 個別房間用 | | | | | | | | | | |
| 8 | 顧客等待用 | | | | | | | | | | |
| 9 | | | | | | | | | | | |
| 10 | | | | | | | | | | | |

菜單組成

| 1 | 主要項目 | 單價 | | 主力點子 | 單價 |
|---|---|---|---|---|---|
| 2 | | | 9 | | |
| 3 | | | 10 | | |
| 4 | | | 11 | | |
| 5 | | | 12 | | |
| 6 | | | 13 | | |
| 7 | | | 14 | | |
| 8 | | | 15 | | |

設定客層 ----------------------------------------
----------------------------------------
----------------------------------------
----------------------------------------

## (7)廚房計畫

飲食店的基本廚房功能和作業行程如圖7-e（廚房功能的fulo chavt），從材料的採購、調理、配膳到服務顧客的行程用黑色粗箭號表示，吃完後的整理到餐具洗滌、收藏的行程，用白色箭號表示，因營業政策、店舖規模的必要功能用虛線箭號表示。

7-e廚房功能的流程圖

檢討之後再決定廚具的設、菜單的組成、調理的一致化、省能源化、作業的效率化，也要照廚具的耐用年數、菜單的變更來做器具的更替。

7-e；廚房功能的流程圖

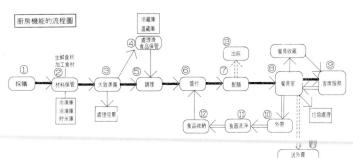

● 飲食店的陳設重點

(1)檢討有無樣品桌及其位置

(2)檢討有沒有外帶及其位置

(3)檢討顧客層次及顧客席的型態

(4)檢討顧客席及周轉次數

(5)檢討顧客席的組成及顧客數目

(6)檢討顧客動線及服務動線

(7)檢討廚房位置及空間

(8)檢討廚房機器和菜單的關係

(9)檢討顧客層次和菜單

(10)檢討廚房的作業性和通路的關係

(11)檢討廚餐具室和廚房的功能

(12)其他

下表是廚房器具表的參考例子，是從飲食相關業種別來看廚房器具表的參考例子，○是必要器具，△是有是比較方便的器具。

下表是廚房器具的規格表的尺寸，製作規格表。

### 廚房器具表的參考例子

| 器具名 ＼ 飲食關連店舖 | 日本麵店 | 中華麵店 | 中華料理店 | 豬排店 | 天婦羅店 | 鰻魚店 | 割草料理店 | 壽司店 | 大眾酒場 | 輕飲食店 | 喫茶店 | PUB西餐店 | 燒肉西餐店 | 一般西餐店 |
|---|---|---|---|---|---|---|---|---|---|---|---|---|---|---|
| 冷凍冷藏庫 | ○ | ○ | ○ | ○ | ○ | ○ | ○ | ○ | ○ | ○ | ○ | ○ | ○ | ○ |
| 冷凍桌 | | ○ | ○ | ○ | ○ | ○ | ○ | ○ | ○ | | | ○ | ○ | ○ |
| 單槽水槽 | ○ | ○ | ○ | | | | | | | | | ○ | ○ | ○ |
| 雙槽水槽 | ○ | ○ | | | | | | | | | ○ | ○ | ○ | ○ |
| 角圓水槽 | ○ | | | | | | | | | | | | | |
| 三槽水槽 | | | | ○ | ○ | ○ | ○ | ○ | | | | ○ | ○ | ○ |
| 船型水槽 | | | | | ○ | ○ | ○ | ○ | ○ | | | | | |
| 瓦斯爐 | | | | | | | | | | | ○ | ○ | ○ | ○ |
| 瓦斯桌 | ○ | | ○ | ○ | ○ | ○ | | | | | | ○ | ○ | ○ |
| 麵鍋 | ○ | | | | | | | | | | | | | |
| 中華式爐 | | ○ | ○ | | | | | | | | | | | |
| 燒飯器 | | ○ | ○ | | | | | | | | | | | |
| 調理台 | ○ | ○ | ○ | ○ | ○ | ○ | ○ | ○ | ○ | ○ | ○ | ○ | ○ | ○ |
| 盛付台 | ○ | ○ | ○ | ○ | ○ | ○ | ○ | ○ | ○ | | ○ | ○ | ○ | ○ |
| 作業台 | ○ | ○ | ○ | ○ | ○ | ○ | ○ | ○ | ○ | ○ | ○ | ○ | ○ | ○ |
| 煮飯器 | ○ | ○ | ○ | ○ | ○ | ○ | ○ | ○ | ○ | | | ○ | ○ | ○ |
| 洗米機 | | | △ | | | | | | | | | | △ | |
| 保溫瓶 | | △ | △ | | ○ | △ | ○ | ○ | | | | ○ | ○ | ○ |
| 湯水加熱器 | | | | △ | | | | | | ○ | △ | △ | △ | ○ |
| 陶瓷器 | | | | | | ○ | ○ | ○ | | | | | | ○ |
| 吊架 | ○ | ○ | ○ | ○ | ○ | ○ | ○ | ○ | ○ | | ○ | ○ | ○ | ○ |
| neta-case | | | | ○ | | | ○ | ○ | | | | | | |
| 電子鍋 | | | △ | | | | △ | | △ | | △ | | ○ | ○ |
| 餐具洗淨線 | | | ○ | | | | | | | | | | | |
| 餐具架 | ○ | ○ | ○ | ○ | ○ | ○ | ○ | ○ | ○ | | ○ | ○ | ○ | ○ |
| 蒸用器 | | | ○ | ○ | | | ○ | △ | △ | | | | | △ |
| 煎餅器 | | | | | | | | ○ | | | | | | |
| 小鍋飯器 | | | | | | | | | | | | | | ○ |
| 瞬間熱水器 | ○ | ○ | ○ | ○ | ○ | ○ | ○ | ○ | ○ | | | ○ | ○ | ○ |
| 配膳台 | ○ | | ○ | ○ | | △ | | | | | | | | ○ |
| 製冰機 | ○ | ○ | ○ | ○ | ○ | ○ | ○ | ○ | ○ | ○ | ○ | ○ | ○ | ○ |
| 服務槽 | ○ | ○ | ○ | ○ | ○ | ○ | ○ | ○ | ○ | ○ | ○ | ○ | ○ | ○ |
| 啤酒冷藏器 | △ | △ | ○ | △ | △ | ○ | △ | △ | ○ | ○ | ○ | ○ | ○ | ○ |
| 防塵桌 | | | | | | | | | | | | | | |
| 咖啡廠商 | | | ○ | | | | | | | ○ | ○ | ○ | ○ | ○ |
| 溫杯器 | | | △ | | | | | | | ○ | ○ | △ | △ | △ |
| 果汁器 | | | | | | | | | | ○ | ○ | ○ | ○ | ○ |
| 生啤酒盤 | | | ○ | △ | △ | ○ | △ | △ | ○ | | | ○ | ○ | ○ |
| 酒罐器 | | | | | | | | △ | △ | ○ | | ○ | ○ | ○ |
| 毛巾蒸煮器 | ○ | △ | ○ | △ | ○ | ○ | ○ | ○ | ○ | △ | △ | ○ | ○ | ○ |
| 冰淇淋貯藏器 | | | | | | | | | | | ○ | ○ | ○ | ○ |
| 托盤銀色架 | △ | △ | △ | △ | △ | △ | △ | △ | △ | △ | △ | ○ | ○ | ○ |
| 烘箱 | | | | | | | | | | | ○ | ○ | ○ | △ |

## 廚房器具的款式目錄形式（尺寸大小）

| NO | 器具名稱 | 尺寸 | | | 台數 | 給水 ✕ | 熱水 ✕ | 排水 ⊕ | 罩子 ♀ | 瓦斯 | 電氣 | | | 特殊事項 |
|----|---------|---|---|---|------|--------|--------|--------|--------|------|------|---|---|---------|
| | | W | D | H | | | | | | | 單相100 | 單相200 | 3相200 | |
| ① | | | | | | | | | | | | | | |
| ② | | | | | | | | | | | | | | |
| ③ | | | | | | | | | | | | | | |
| ④ | | | | | | | | | | | | | | |
| ⑤ | | | | | | | | | | | | | | |
| ⑥ | | | | | | | | | | | | | | |
| ⑦ | | | | | | | | | | | | | | |
| ⑧ | | | | | | | | | | | | | | |
| ⑨ | | | | | | | | | | | | | | |
| ⑩ | | | | | | | | | | | | | | |
| ⑪ | | | | | | | | | | | | | | |
| ⑫ | | | | | | | | | | | | | | |
| ⑬ | | | | | | | | | | | | | | |
| ⑭ | | | | | | | | | | | | | | |
| ⑮ | | | | | | | | | | | | | | |
| ⑯ | | | | | | | | | | | | | | |
| ⑰ | | | | | | | | | | | | | | |
| ⑱ | | | | | | | | | | | | | | |
| ⑲ | | | | | | | | | | | | | | |
| ⑳ | | | | | | | | | | | | | | |
| ㉑ | | | | | | | | | | | | | | |
| ㉒ | | | | | | | | | | | | | | |
| ㉓ | | | | | | | | | | | | | | |
| ㉔ | | | | | | | | | | | | | | |
| ㉕ | | | | | | | | | | | | | | |
| ㉖ | | | | | | | | | | | | | | |
| ㉗ | | | | | | | | | | | | | | |
| ㉘ | | | | | | | | | | | | | | |
| ㉙ | | | | | | | | | | | | | | |
| ㉚ | | | | | | | | | | | | | | |
| ㉛ | | | | | | | | | | | | | | |
| ㉜ | | | | | | | | | | | | | | |
| ㉝ | | | | | | | | | | | | | | |
| ㉞ | | | | | | | | | | | | | | |
| ㉟ | | | | | | | | | | | | | | |
| ㊱ | | | | | | | | | | | | | | |
| | 合計 | | | | | | | | | | | | | |

廚房器具目錄　　　　　西元　年　月　日作成

### ● 廁所計畫的重點

(1)把握使用的男女顧客人數
(2)選用坐式或蹲式的便器
(3)選定小便器
(4)選擇洗淨方式
(5)選擇洗手器、洗臉盆和水龍頭器具
(6)檢討洗臉盆的給水方式
(7)檢討寒冷地區
(8)檢討暖房閥座、淋浴廁所
(9)考慮脫臭、換氣
(10)考慮消音
(11)選擇附屬品類
(12)檢討衛生器具和室內裝潢的材料
(13)檢討地板的乾、溼方式
(14)選擇淨化槽設置的人槽

圖8-f1-f6是廁所的基本型態的參考例子。

### 廁所的基本型態（參考例子）

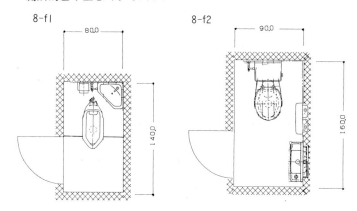

8-f1　8-f2

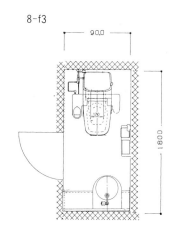

8-f3

### (8)顧客用廁所

是否需要顧客用廁所，因路面及商業大廈內的tenant而不同，商業大廈的共用廁所離店舖距離近，可以利用就另當別論，而基本上是有設置的需要。關於空間方面，依一天當中的來店顧客數目及店舖的面積來檢討男女的差別及小房間數目。

量販店和飲食店的廁所頻度也不同，特別是對酒精及水份多的飲食而言男性廁所需要較多的小便器。關於顧客用廁所方面，從一般的店舖坪數來考量，因對銷售沒有貢獻，一般都設在後面的空間，實際上，顧客覺得它是店舖中最好的地方而使用的話，「好的印象就減半了」，所以，基本上，讓它有賣場和顧客房一致的印象是很重要的。

8-f4

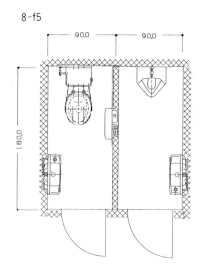

8-f5

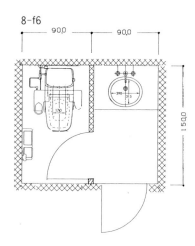

8-f6

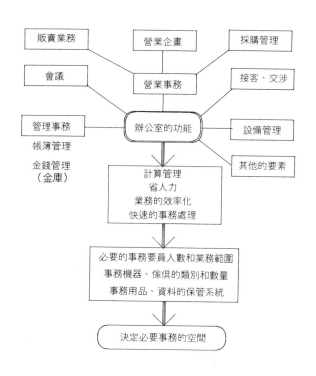

3-3：後方功能

(1) 辦公室的功能及空間

店舖的營業部門之後的後方功能是販售管理、採購、管理等，大致可分為進行和營業有關的事務的空間及商品倉庫及公司職員的福利設備。其中，關於辦公室的空間，可以一面檢討擔任要員的數目，必要機器的列表及配置，將來的變動一面設定，一般照下述的機能來決定其必要範圍的空間。

(2) 其他後方空間

其他的後方空間在「4：店舖設計的重點」中會提到，請參考。
（參照P-135的店舖後方功能的重點）

4:店舖設計的重點
  (1)店舖前方功能的重點
  (2)量販店中心功能的重點
  (3)飲食店中心功能的重點
  (4)店舖後方功能的重點

# 4:店舖設計的重點

店舖設備的計畫和事業計畫的經營方針及營業政策有關。不管是新開的店或已設店舖的改裝，都要檢討店舖的前方功能、中心功能、後方功能之後，再決定設計及功能。

實際上，在做店舖的企畫、設計時，就要列出檢討的基本內容，事先整理將有效地提升業務。又，在業務的進行過程中，為了不留下不完備之點，要活用檢查手冊。下面要提到的項目是整理和企畫、設計有關的基本內容，當做檢查手冊的參考例子來製做量販店和飲食店。（前方功能和後方功能相通，中心功能可分為量販和飲食。省略掉特殊功能。）

## (1)店舖前方功能的重點

● 前面基地境界和步道和車道之間的關係

① 步道的幅員

② 車道的幅員

③ 有沒有gard reru

④ 有沒有側溝

⑤ 店舖前面有沒有電線桿子或消防栓等

⑥ 店舖的面寬尺寸及可能使用高度的尺寸

⑦ 建築物和基地界限間有沒有空地

⑧ 其他

● 建築物地面和步道間的落差

① 解除落差的方法：斜面或樓梯

② 用什麼位置來處理落差

③ 其他

● 和商店街整備間的關係

① 位於商店街的位置

② 彩色舖裝的整備

③ 有沒有路燈

④ 街樹、綠色計畫的整備

⑤ 有沒有拱頂

⑥ 有沒有停車場及其對應

⑦ 其他，為了活性化的各種設備

● 和鄰接建築物的關係

① 空地：計畫的預定

② 公共設備或人聚集的設備

③ 有競爭條件的店舖

④ 是否是能互相增補的店舖

⑤ 其他

● 關於店舖畫分的形狀

① 店舖畫分的面寬尺寸

② 店舖畫分的縱深尺寸

③ 可使用的高度尺寸

④ 店舖面積

⑤ 店舖功能區分和面積的分配

⑥ 其他

● 店舖正面的方位

① 日照的影響、季節的影響

② 風雨條件

③ 積雪條件

④ 遮日必要性的檢討

⑤ 其他

● 關於店舖外部裝潢方面

① 外部裝潢的印象和周邊環境的調和

② 店舖門面的格調程度

③ 和店內印象的統一性

④ 檢討對通行者的訴求

⑤ 檢討外部裝潢材料的耐久性和安全性

⑥ 檢討白天和晚上的外部裝潢印象的效果

⑦ 其他

● 關於招牌

① 確認一下設置招牌的法律規制

② 檢討招牌的種類和設置場所

③ 招牌的形狀及尺寸

④ 和外部裝潢的平衡的檢討

⑤ 檢討招牌和照明方式

⑥ 檢討招牌和店名標識間的調和

⑦ 其他

● 關於出入口的條件

① 開放度和塵埃的問題

② 通行客的數量和流向及出入口的位置

③ 除風室的必要性

④ 店舖面寬尺寸和出入口的數目

⑤ 出入口的方向和寬度

⑥ 開關方式的選擇：自動方式或手動方式

⑦ 雙方開的門或單片開的門，對開門或內開門

● 百葉窗

① 是否需要百葉窗

② 是否需要防火百葉窗

③ 手動式或電動式

④ 用輕型百葉窗或grill百葉窗或橫割百葉窗

⑤ 其他

● 共有物販店（關於櫥窗）
①是否需要櫥窗
②櫥窗對通行者的誘導效果
③櫥窗的適當空間
④出入口和櫥窗的有效位置關係
⑤櫥窗和透視店內的效果
⑥其他
● 只有飲食店（關於樣品窗）（Sample window）
①是否需要樣品窗
②樣品窗對通行者的誘導效果
③樣品窗的適當空間
④出入口和樣品窗的有效位置關係
⑤樣品和店內透視效果
⑥其他

(2)物販店的中心功能的重點
● 關於商品及陳列
①商品部門的銷售組成比例和賣場面積的分配檢討
②檢討商品特性和配置場所
③檢討季節商品的配置場所
④檢討主力商品的配置場所
⑤檢討新商品的配置場所
⑥檢討服務商品的配置場所
⑦檢討附加價值商品的配置場所
⑧檢討相關商品的連續配置
⑨檢討商品的生命週期和陳列場所
⑩對顧客的視覺aproch及商品的陳列效果
⑪檢討商品的流通性及配置場所
⑫其他
● 關於販售型態
①檢討顧客的需求及對面販售方式
②檢討商品特性和對面販售方式
③檢討顧客的需求和側面販售方式
④檢討商品特性和側面販售方式
⑤檢討商品的易見性、易觸性
⑥其他
● 顧客和從業員的關係
①檢討顧客在店內的動線和店員的對應動線
②不給顧客反感的店員位置
③其他
● 關於店舖的色彩
①檢討業態、業種及色彩
②檢討陳列商品和各方面（地板、牆壁、天花板）的色彩效果
③檢討陳列商品和器具的色彩效果
④檢討店舖的色彩和照明效果
⑤檢討店舖的主要色彩，輔助色彩及重點色彩
⑥其他

● 關於商品和陳列功能
①檢討商品和陳列器具的尺寸
②顧客的視覺aproch商品及上濱方法
③檢討店頭配置的器具
④檢討構成壁面的器具
⑤檢討放在island的器具
⑥檢討island器具的長度及顧客的動線
⑦檢討商品的配置及視線領域
⑧商品陳列及易觸摸的範圍
⑨檢討天花板的高度及商品的陳列效果
⑩檢討商品組成的變化和器具的柔性
⑪其他
● 關於通路（店內）
①檢討顧客動線通路的寬度
②檢討店員動線通路的寬度
③檢討直線通路、斜線通路的效果
④檢討櫃檯四周的顧客停留空間
⑤檢討從賣場到後方入口的位置及門寬
⑥檢討導入移動設備
　（電梯、手扶梯）
⑦其他
● 關於登記、包裝
①檢討現金收納機的尺寸及櫃檯的尺寸、場所
②檢討有沒有POS的導入及機器的設置場所
③檢討櫃檯的方向及和顧客的對應
④檢討包裝台的作業性及尺寸
⑤檢討包裝台的位置及方向
⑥檢討包裝材料、道具的種類和收藏場所
⑦檢討商品用空箱、包裝材料等的收藏場所
⑧其他
● 關於客用廁所
①檢討來店顧客人數和男女廁所的必要性
②檢討洗臉、小便、大便、各busu器具的選擇及寬度
③檢討顧客的利用性及場所
④其他

(3)飲食店中心功能的重點
● 關於顧客室的陳列
①檢討雙人桌的組數
②檢討四人桌的組數
③檢討六人桌的組數
④檢討大桌子的必要性及空間
⑤檢討櫃檯席的必要性和櫃檯的尺寸
⑥矮桌的空間及組數
⑦檢討角落席的人數及空間
⑧檢討放在桌子上的餐具尺寸及桌子的大小
⑨檢討顧客的感覺和椅子的尺寸及桌子的尺寸

⑩確認房間的必要性
⑪檢討房間的顧客人數和空間
⑫檢討顧客席的型態和顧客席的流通性
⑬檢討滿席率
⑭檢討顧客席組成的柔軟性
⑮其他
● 關於餐具室、廚房
①確認放在餐具室的器具、機器
②檢討顧客服務人數及餐具室的大小
③檢討服務顧客的必須用品的收藏場所及空間
④檢討配膳的頻度及櫃檯的大小
⑤檢討顧客多時的配膳收藏空間
⑥檢討服務顧客時的有效餐具室的位置
⑦餐具室作業和器具、機器的有效配置
⑧檢討顧客席、菜單的大小、量及廚房功能
⑨檢討廚房的作業順序及器具、機器的配置
⑩檢討效率器具、機器的導入及廚房作業的效率化
⑪檢討更替、搬入廚房器具、機器的必要出入口的尺寸
⑫確認有沒有外賣
⑬確認有沒有送菜升降機及尺寸
⑭其他
● 關於顧客和從業員的關係
①檢討顧客的店內動線和從業員的對應動線
②不會給顧客反感的從業員的位置
③其他

● 關於通路
①檢討顧客動線通路的寬度
②檢討從業員動線通路的寬度
③檢討直線通路、斜線通路的效果
④檢討櫃檯四周的顧客停留空間
⑤檢討從顧客室到後方入口的位置和門的大小
⑥檢討移動設備（電梯、手扶梯）的導入
⑦其他
● 關於收銀機
①檢討收銀機的尺寸及櫃檯尺寸、場所
②檢討有沒有導入POS及機器的設置場所
③檢討收銀機的方向及和顧客的對應
④確認有沒有外帶菜單及商品
⑤檢討包裝台的位置及方向
⑥檢討包裝台的作業性及尺寸、包裝材料的收藏
⑦其他
● 關於顧客用廁所
①檢討來店的顧客數和男女廁所的必要性
②檢討洗臉、小便、大便、各busu器具的選擇及大小
③檢討顧客的利用性及場所
④檢討賣場的組成及從效率面來檢討廁所的位置
⑤檢討符合顧客需求的廁所空間
⑥其他

⑷店舖後方功能的重點
● 關於辦公室
①確認事務擔當人數
②檢討辦公桌的尺寸及台數、配置
③確認有沒有導入事務管理OA及空間
④圖書管理櫃的尺寸及數目
⑤檢討有沒有接客用應接組及空間
⑥檢討有沒有廚房的器具及尺寸（*特別是物販店）
⑦確認有沒有冷凍冷藏庫及尺寸（*特別是物販店）
⑧確認有沒有floor型的保險箱及尺寸
⑨確認影印機、傳真機等機器的類別及尺寸
⑩檢討辦公室的場所
⑪檢討出入口的有效幅度及開關方向
⑫其他
● 關於從業員更衣室
①檢討從業員的人數及男女更衣室的必要性
②檢討從業員的人數和置物櫃的類別、台數
③檢討更衣室的有效面積
④檢討從業員更衣室的配置場所
⑤檢討出入口的有效幅度及開關方向
⑥其他
● 關於從業員休息室
①需不需要從業員休息室
②檢討從業員的數目和休息室的有效面積
③確認必要機器、設備
④檢討從業員休息室的配置場所
⑤檢討出入口的有效幅度及開關方向
⑥其他
● 關於從業員廁所
①檢討洗臉、小便、大便、各busu的必要性
②檢討各busu的有效面積
③檢討從業員廁所的配置場所
④檢討出入口的有效幅度及開關方向
⑤確認衛生管理規定
⑥其他

● 關於倉庫
①確認商品的周轉率及必要的庫存量
②確認商品的保管形狀和尺寸
③檢討保存架的有效尺寸和倉庫內的作業空間
④檢討倉庫的配置場所
⑤檢討出入口的有效幅度和開關方向
⑥檢討行李用的升降梯
⑦其他
● 關於後方通路
①檢討搬入商品、店舖器具的必要通路及出入口尺寸
②檢討下貨的空間
③其他

5：店舖設備的重點
　　(1)電氣設備設計的重點
　　(2)空調、換氣設備的重點
　　(3)防災設備的重點
　　(4)給水、給熱水、瓦斯設備的重點
　　(5)廚房功能的重點

# 5：店舖設備的重點

在路面的個別店舖，從建築到店舖的內部裝潢，進行一貫計畫和工程時，可以進行包含建築設備和店舖的必要設備在內的總合計畫，把店開在tenant的商業大樓及車站大樓時，一般在招致tenant階段時，就決定了建築設備的梗概。對tenant而言，舉行「設計工程」的說明會，這時候就明示了設計的指針，以其內容為基礎，來進行店舖的設備設計。內容有不方便時，可以和開創者的內部裝潢管理部門交涉調整。特別是店舖使用的電氣、瓦斯、給排水量，店舖部份所需的空氣調和的負荷，包含tenant工程區分範圍在內的增設防災上的各種設備，會進行包含建築設備工程在內的工程，所以必須優先店舖的設備。

因此，企畫立案時，就要檢查基本的必要設備，把它做成手冊是很重要的。

## (1)電氣設備設計的重點

(1)檢討使用目的不同的照明器具的開關回路
(2)檢討里入天花板的照明器具和天花板內設備的相關部份
(3)照明和照明器具間的關連
(4)確認天花板面、牆壁面、地板的照明器具安裝尺寸
(5)檢討顧客的視線和照明器具的亮度
(6)檢討基礎照明、局部照明和重點照明
(7)檢討照明和調光回路
(8)檢討高效率器具和省能源
(9)檢討照明的發熱和對商品的影響
(10)確認白天的店內照明和因強的外自然光的反射現象
(11)檢討夜間外部裝潢的亮度
(12)檢討商品展示和照明的色性、色溫
(13)確認電力廠商的位置
(14)設定分電盤的容量和型號
(15)選定動力盤的容量和型號
(16)選定分電盤的設置場所
(17)設定電燈回路和容量
(18)檢討因遮斷器而取得的容許量
(19)檢討插座的回路數和容量
(20)檢討緊急照明、太平梯的誘導燈回路
(21)確認電氣機器的消費電力和一個回路的插座數
(22)檢討插座的類別和使用場所
(23)確認機器的尺寸和插座的高度

(24)確認防水型、附球插座的使用場所
(25)確認建築電氣設備和店舖電氣設備的設計區分
(26)檢討動力插座和動力電氣機器
(27)確認電動shutter和操作盒的位置
(28)其他

## (2)空調、換氣設備的重點
### ●商業大廈內的店舖
(1)確認空調系統
(2)確認建築空調設備的店舖區分範圍的配管狀況
(3)確認吹出口的種類和位置
(4)確認吸入口的尺寸和位置
(5)確認空調機的位置和尺寸
(6)確認配管空間、煙斗型空間
(7)確認檢查口的位置
(8)確認因店舖的設備計畫所造成的建築設備的變更
(9)其他

### ●獨自設置店舖時
(1)依據店舖的空間、規格條件及氣候條件來計算負荷
(2)確認相關法規（建築基準法、消防法、地方條例等）
(3)選擇空調方式（水冷、空冷等）
(4)放地上的空調（直吹或配線接續型）
(5)檢討吹出口、吸風口的尺寸、位置、類別
(6)檢討空調的消音處理
(7)檢討空調設置空間
(8)檢討空調能力和電氣容量
(9)吊天花板、牆壁或其他型
(10)檢討房間面積、收容人員和換氣量
(11)房間負荷計算和房間空調的選擇
(12)檢討室內機的尺寸及設置場所
(13)檢討室外機的尺寸和設置場所
(14)檢討室外機的有效距離
(15)其他

## (3)防災設備的重點
### ●確認防火構造、防火區分的規定
(1)確認道路斜線限制和有延燒之虞的部份
(2)確認有耐火構造、防火構造的適用
(3)確認防火百葉窗、防火門的規定
(4)確認地方條例的規定
(5)其他
### ●確認特殊建築物的內部裝潢的限制規定
(1)確認根據建築物的用途、規模的分類的內部裝潢限制
(2)確認沒有窗戶的房間、廚房、用火房間的適用性
(3)確認根據防火區畫規模的規定
(4)其他，確認根據地方條例的規定

● 確認避難樓梯、避難通路的法規
(1) 確認直通樓梯的規定
(2) 確認避難樓梯，特殊避難樓梯的規定
③避難階段の出入口の幅　通路の幅についての規定確認
(3) 其他
● 確認排煙設備的法規
(1) 確認建築物總面積的規定
(2) 確認自然排煙規定和無窗戶房間的規定
(3) 檢討防煙壁和自然排煙窗的有效面積
(4) 確認排煙窗的構造、裝置等的規定
(5) 確認機械排煙的規定
(6) 其他
● 確認非常用照明設備的法規
(1) 確認非常用照明裝置的設置規定
(2) 確認非常用照明器具的構造規定
(3) 確認電氣配線的相關規定
(4) 其他
● 確認滅火設備的法規
(1) 確認自動灑水消防設備的設置規定
(2) 確認消防栓設備的設置規定
(3) 確認消化器具的設置規定
(4) 確認其他的消防設備的設置規定
● 確認警報設備的法規
(1) 確認自動火災報知設備的法規
(2) 確認煙感知器的必要規定
(3) 確認熱感知器的種類和使用場所的規定
(4) 確認非常警報器具和非常警報設備的規定
(5) 確認非常鈴、警鈴、非常廣擴的規定
(6) 其他
● 確認避難設備的法規
(1) 確認防火管理者的法規
(2) 確認引導燈、引導標識的規定
(3) 確設避難器具的種類和設置的規定
(4) 其他
● 滅火時的必要設備、預防的檢討
(1) 非常插座
(2) 消防用水
(3) 定期檢查
(4) 檢查設備
(5) 設置滅火器
(6) 其他

(4) 給排水、給熱水、瓦斯設備的重點
(1) 檢討給水表的位置
(2) 確認全體的給水量
(3) 確認全體的排水量
(4) 檢討水周遭地板及直立的防水方法
(5) 檢討地板貫穿配管和防水處理的設計

(6) 檢討使用水量和給水管口徑
(7) 檢討排水量和排水管口徑
(8) 檢討給水管、排水管、給熱水的配管和坡度及地板的厚度
(9) 排水pit時，要檢討排水量和側溝斷面的尺寸、長度和坡度
(10) 選擇排水量和glistlap，檢討位置
(11) 檢討店舖器具、機器的規格和給排水
(12) 選定衛生器具和檢討污水配管的口徑
(13) 檢討給水、排水、給熱水的配管方式（隱蔽、露出）
(14) 檢討廚房器具、機器和配管
(15) 確認pipe空間(PS)和給排水配管
(16) 確認建築設備和店舖設備的設計區分
(17) 確認供給瓦斯的類別
(18) 確認瓦斯使用量和瓦斯表的尺寸
(19) 檢討瓦斯表的設置場所
(20) 確認瓦斯器具的瓦斯使用量和配管口徑
(21) 檢討給熱水數及給熱水機器的選定
(22) 確認瓦斯漏氣的警報裝置位置
(23) 確認廚房排氣量和給氣量的平衡
(24) 其他

(5) 廚房功能的重點
(1) 廚房空間和位置是否良好
(2) 廚房空間是否可做廚房器具、機器的更替
(3) 是否有廚房器具搬出入的必要開口
(4) 材料、食品庫的空間、位置是否良好
(5) 食材、食品庫的溫度管理是否適當
(6) 是否有採購商品、食材卸下的空間
(7) 檢討業種別菜單和廚房的空間
(8) 檢討業種別菜單和廚房器具、機器
(9) 檢討店舖面積和廚房面積的比例
(10) 檢討廚房器具、機器的配置和作業性
(11) 是否整理廚房的衛生
(12) 檢討菜單的開發及廚房器具、機器的對應
(13) 檢討菜單的種類及餐具的種類、尺寸
(14) 檢討餐具的種類、數量和收藏空間
(15) 餐具的設計及盛裝
(16) 是否導入省力、有效的器具及機器
(17) 是否有過多的設備
(18) 是否充份考慮防火設備、滅火設備
(19) 作業順序是否勉強
(20) 地板是否用防滑材料
(21) 料理的配膳櫃檯和下櫃檯是否分開
(22) 廚房和餐具室的地板水平的調整
(23) 防蟲、防鼠的考量
(24) 檢討地板的乾、濕方式
(25) 檢討升降梯的必要性及尺寸
(26) 其他

6：店舖空間的係數        (6)陳列商品的有效高度的範圍和順序

(1)年齡別男女的身高和座椅的高度    (7)店舖空間的通路和器具的關係

(2)站姿及動作尺寸               (8)對面器具的基本尺寸

(3)坐姿                          (9)飲良店的顧客席的基準尺寸

(4)盤腿坐、正坐的姿勢         (10)飲食店櫃檯席的基準尺寸

(5)「人」和店舖的通路         (11)廚房和餐具室櫃檯的尺寸圖

# 6：店舖空間的係數

店舖空間中的「人」、「物」，即顧客和商品的關係、顧客和從業員的關係，甚至於那些和陳列、收藏關係的功能，希望能建立良好的關係。

在店內顧客選擇商品的動作、伸手拿商品的動作、看展示櫃中的動作，從業員的收銀、包裝的動作等，各種「人」的動作和其尺寸乃是店舖的功能設計時的基本要素。

## (1)年齡別男女的身高和座時的高度

學校保健統計調查報告書指出青少年男女別（2～17歲）的平均身高及座時高度如圖1-a所示。17歲以上的成人男女和17歲相同。

## (2)站時的基本姿勢和動作尺寸

站時的基本姿勢和動作尺寸是以平均身高的數值為基準，用身體各部份的數值（人體、動作尺寸圖集　小原二郎編　彰國社刊　引用）和身高比例所算出的數值（參照圖2-b、c）

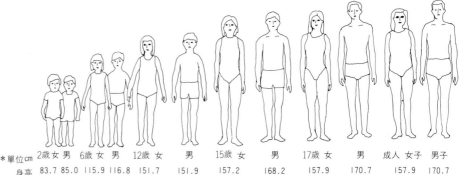

1-a　年齡別男女的身高和座時的高度

1992・學校保健統計調查報告書

*單位cm

| | 2歲 女 | 男 | 6歲 女 | 男 | 12歲 女 | 男 | 15歲 女 | 男 | 17歲 女 | 男 | 成人 女子 | 男子 |
|---|---|---|---|---|---|---|---|---|---|---|---|---|
| 身高 | 83.7 | 85.0 | 115.9 | 116.8 | 151.7 | 151.9 | 157.2 | 168.2 | 157.9 | 170.7 | 157.9 | 170.7 |
| 座高 | － | － | 64.7 | 65.2 | 82.0 | 80.9 | 85.3 | 89.6 | 85.4 | 91.2 | 85.4 | 91.2 |

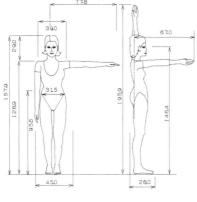

2-b；成人女性的站姿及動作尺寸

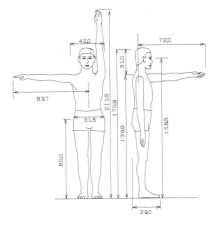

2-c；成人男子，站姿和動作尺寸

## (3)坐姿

在店舖中需檢討在接客櫃檯中的顧客和從業員的關係、飲食店的顧客席的關係的坐姿。

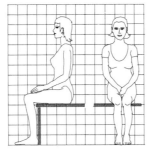

3-d；坐姿（女性）

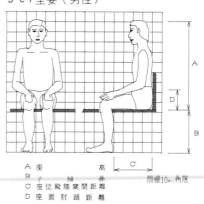

3-e；坐姿（男性）

A 座　　高
B 足　底　踝　曲
C 座位殿膝窩間距離
D 座面肘頭距離

間棚10㎝角店

(4) 盤腿坐、跪坐的姿勢

在飲食店的和室房和座桌桌上、服飾店的座位上,「盤腿坐」和「跪坐」是很平常的。(參照圖4-f.g)

4-f；跪坐姿勢(女性)    4-g；盤腿坐姿(男性)

隔棚10cm角落

(5)「人」和店舖的通路

設定店內通路的寬度時,一人通行時,要能兩人側面的寬度;兩人並排時,或兩側都有站人選商品時,要設定各種例子,其必要空間如圖5-h、i、j所示,用基本係數來計算數值。

5-h・i・j;「人」和店舖的通路

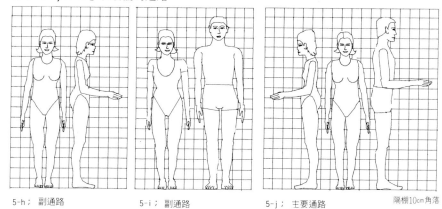

5-h；副通路    5-i；副通路    5-j；主要通路    隔棚10cm角落

(6) 商品陳列的有效高度的範圍和順序

關於店內的商品陳列、收藏,有效的「高度」和「人的動作」如圖6-k所示。圖中的(1)的部份是「顧客的腿光最容易接觸的,商品最容易拿的位置」。(2)稍微偏離一點,但可抓住顧客的視覺、伸手可以拿到商品的位置」。

(3)是伸長一點就可以拿到商品的範圍,再高一點的高度,是視覺可以瞄準的陳列空間。又,(2)是彎腰就可以拿到商品的位置,在視覺上,陳列商品是容易產生影子的部份。(3)陳列小件商品,是死角。

6-k；商品陳列的有效高度的範圍和順序

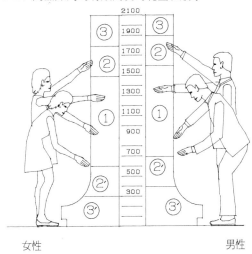

女性    男性

7) 店舖空間的通路和器具的關係

圖7-1是店內空間的通路和器具關係的斷面圖,A是牆壁和櫥櫃,B是兩面陳列架,C是對面展示架(包圍case)D是收錢、包裝台,E是壁面和陳列架,商品陳列的有效高度是壁面四周201cm island陳列中,標準範圍是130～150cm(參照圖7-1)。

7-l；店舖空間的通路和器具的關係

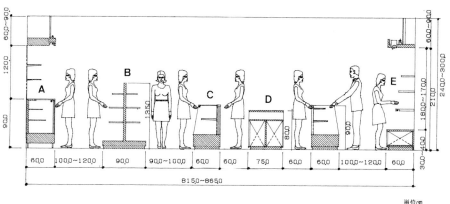

單位cm

### (8) 對面器具的基本尺寸

對面販賣所使用的器具以商品、金錢可接受的高度為主。又，必須避開顧客往下看的地板的高低差。圖8-m是食品關係的冷藏櫃，圖8-n是一般的對面展示櫃

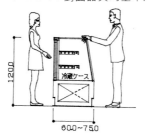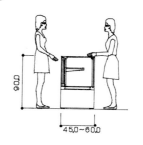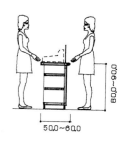

8-m・n・o；對面器具的基本尺寸

### (9)飲食店的顧客席的基準尺寸

飲食店的顧客席尺寸的決定順序如下所示。

(1)從菜單和器具的關係、組合菜單的tray尺寸求出一人份的必要桌子的占有面積後，決定桌子的尺寸。

(2)決定桌子的高度，一般的標準為70cm。

(3)決定桌子和椅子的高度

桌子頂和椅子坐面的距離，標準為25～30cm。

(4)決定桌子和椅子的平面距離

在(3)的桌子和椅子的關係中，桌子的下面有顧客的膝蓋，最好和座面差10cm。

但是，桌子的高度和椅子的坐面尺寸差太小的話，膝蓋會踫到桌子，所以要分開桌子和椅子。

(5)決定椅子的尺寸。檢討已決定的桌子的尺寸和椅子組合時的空間，用椅子的尺寸來調整。

(6)所有顧客席的組成和調整。檢討雙人席、四人席、六人席等顧客席的效率，再決定全體的組成。

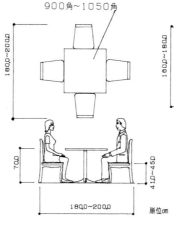

9-p；西餐廳正方形桌（四人）的尺寸

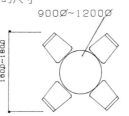

9-q；圓形桌（四人）的尺寸

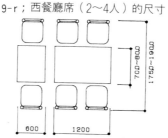

9-r；西餐廳席（2～4人）的尺寸

9-s；喝茶、輕飲食席（2～4人）的尺寸

9-t；坐桌席（四人）的尺寸

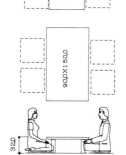

單位cm

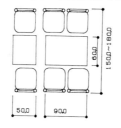

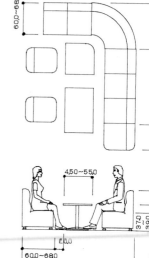

9-v；bar,club席的尺寸

單位cm

9-u；圓形多人數桌子席

6人席　8人席

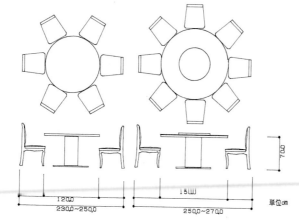

單位cm

## (10) 飲食店櫃檯席的基準尺寸

飲食店的櫃檯席的「顧客」和櫃檯廚房調理人的關係如圖10-w所示，櫃檯和顧客用椅子設定在一般桌子席的高度時，廚房內的地板要去顧客房低30～35cm，必須和顧客的視線在同一條線上才行。

調理人的位置比顧客高的話，會造成顧客的心理壓力，要避免。

如圖10-X所示，在客人座席和廚房座席之較小底板差的場合，則視廚房器具和櫃台下面的距離而定，但是，櫃台椅子座面下方45～50cm的距離頂配置架子，有關櫃台座席的平面尺寸

如圖10-y:檢討和椅子的關係後決定

櫃檯的縱深尺寸一般大多為50～70cm非店舖，是大眾店的話則為45～50cm，高級店則為60～70cm，必須考慮提供舒適的氣氛。

關於櫃檯席的椅子間隔，因椅子的型態、尺寸而不同，使用時，必須有能回轉、出入的間隔。特別是角坐椅子回轉時不要踮到鄰座才好。

## (11) 廚房和餐具室櫃檯的尺寸圖

11-Z表示廚房和餐具室櫃檯關係的斷面圖。廚房的地板因防水和配管，大多比餐具室高。

餐具室和顧客席的地板，服務的頻度很高，所以最好是平面狀態。

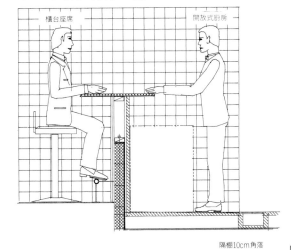

10-w；櫃檯席的例子－(1)

櫃台座席　　開放式廚房

隔棚10cm角落

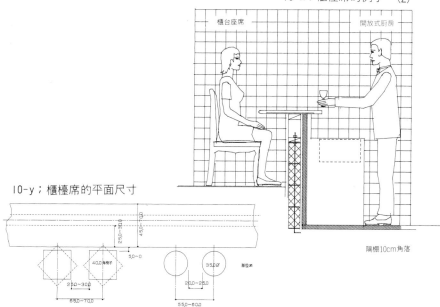

10-x；櫃檯席的例子－(2)

櫃台座席　　開放廚房

隔棚10cm角落

10-y；櫃檯席的平面尺寸

單位cm

11-z；　廚房和餐具室櫃檯的尺寸圖

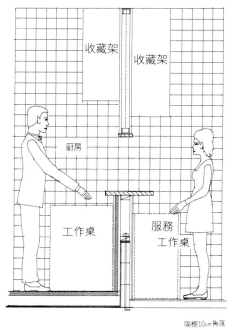

收藏架　收藏架

廚房

工作桌　服務工作桌

隔棚10cm角落

*141*

7：店舖的照明計畫

　(1)照明的功能

　(2)照明的順序

　(3)照明度的計算

# 7：店舖的照明計畫

店舖內的照明角色，不單是提高外部裝潢的訴求，確保賣場的必要照明度而已，也是店舖外表的招牌、外部裝潢的照亮，可有效吸引顧客來看櫥窗，可擴大店內空間，讓人鎮靜、心情好等，為了達到這些效果，照明是不可或缺的。

## (1) 照明的功能

### ● 訴求照明

招牌、外部裝潢的亮度照明、街燈、庭園燈、霓紅燈。

### ● 引導到店內的照明

光源的變化。照明度的變化照明。光的忽亮忽暗、光流照明、櫥窗的照明。

### ● 店內空間的基本照明

有溫暖氣氛的白熱照明（有充份的照明度而沒有影子）。用白熱器具和螢光器具併用照明，眼睛容易glair cut的照明。能降低營業成本的照明。

### ● 商品的局部照明

陳列商品面要有重點式的照明，看得見商品的實際色的高度照明。照射角度是自在的一般照明。能強調商品鮮度的照明。

### ● 能創造氣氛的照明

這是為了展示櫥窗及店內陳設效果的照明。是可以決定店舖所有空間氣氛的裝飾照明（美術燈等）

### ● 防災上的緊急、誘導用照明

緊急照明及表示避難口及誘導的照明，緊急時，常電源被切斷時，用電池或緊急電源來點燈。

## (2) 照明計畫的順序

### (1)設定各個房間的必要照明度

請參考JIS的店舖關係照明度基準表（依照JIS的照明度基準，參照P-143），製做房間的照明器具的規格表（房屋照明器具規格表，參照P-144），記載必要的照明度。

### (2)決定照明方法

依照明的使用場所、目的可分為直接照明、半直接照明、全部擴散照明、半間接照明及間接照明，或要用哪一種方式組合，依

照照明器具的形狀及燈的種類的不同而有不同的配光特徵。以器具的配光曲線為基準來選擇（表照明方法的分類、請參照P-143）。照明器具店的目錄詳細表示器具的配光曲線，請拿來參考。

### (3)決定光源

店舖照明所使用的光以日光燈和白熾燈為代表，其他則有高色形高壓鈉光燈、鹵素燈、水銀燈等。

水銀燈會產生藍色系和紅色系的脫，不適於店內照明，常用在屋外庭園、路燈。

鹵素燈的演色性比水銀燈高，可用在天花板高的空間照明的公共設備上。高演色型高壓鈉光燈的燈光效果較差，對紅色有較高的演色性，常用在洞穴、飯店的大廳，物販店。又，在重視魚、肉、蔬果鮮度的店，有專門開發的器具，所以在選定光源時，可以直接和廠商商量。

### 照明器具的種類和形狀、功能別分類

| 照明器具的種類 | 形狀、功能別分類 |
|---|---|
| 襯底照明 | 埋入型<br>直接附上型 |
| down light | 普通埋入型<br>淺型<br>斜面型<br>普遍型<br>down spot型 |
| 天花板燈 | 白熱球型<br>FL型 |
| 吊燈 | 線式吊飾<br>管式吊飾<br>鏈式吊飾 |
| (pendant light) | 配線型<br>直接附上型<br>spike型<br>夾型 |
| 壁面埋入燈 | |
| 壁燈(bracket light) | 壁面型<br>角落型 |
| 系統燈 | |
| 美術燈 | 吊下型<br>直接附上型 |
| 檯燈 | 落地燈(floor stand)<br>桌上燈 |
| effect light | |
| ball light | |
| sign light | |
| 緊急、誘導燈 | |

照明方法的分類

| 國際分類 | 直接照明形 | 半直接照明形 | 全部擴散照明形 | 半間接照明形 | 間接照明形 |
|---|---|---|---|---|---|
| 向上的光 | 0 | 10 | 40 | 60 | 100 |
| 向下的光 | 100 | 90 | 60 | 40 | 0 |
| 配光曲線 | | | | | |
| 白熱燈 水銀燈 | 埋入DL | 乳白玻璃套 | 乳白玻璃套 | 乳白玻璃反射盤 | 不透明反射盤 |
| 螢光燈 | 埋入下面開放形 | 倒富士形 | 裸燈 | 半透明反射盤 | 不透明反射盤 |

根據JIS的照明度基準

* 標誌可依局部照明面定

| 照明度(lx) 店舖分類 | 商店的一般共通事項 | 日用品店(雜貨食品等) | 超市自動服務 | 大型店(百貨公司量販店分類付款店等) | 流行商店衣料・裝身具眼鏡・手錶等 | 文化品店家電・樂器書籍等 | 興趣休閒店照相機・手藝花・收集等 | 生活別專門店星期天育兒料理等 | 高級專門店黃金屬・衣服藝術品等 | 美容店・理容店 | 食堂西餐廳・輕飲食店 |
|---|---|---|---|---|---|---|---|---|---|---|---|
| 3000 | | | | *飾的重點 *示範 | | *飾之重點 | | | | | |
| 2000 | *陳列的最重點 | — | *特別陳列部 | *店內重點陳列示範 | *飾之重點 | *店頭之重點 | | — | *飾之重點 | — | — |
| 1500 | — | | | *店內角落 *店內陳列 | — | *stage商品的重點 | | 飾之重點 | *店內重點陳列 | | |
| 1000 | *重點陳列部 *收銀機 *電梯的搭乘處 *包裝台 | *重點陳列 | 店內全部(都心店) | 重點部的全部特賣會場的全部 *諮詢角落 | *重點陳列 *裝飾角落 *穿衣處 | *店內陳列 *test室 飾的全部 | 店內陳列的重點 *模型演練飾的全部 | *示範 | *一般陳列 | *洗髮 *染髮 *化妝 *刮臉(顏面修整) | *樣品 |
| 750 | 電梯口 手扶梯 | *重點部分 *店頭 | 店內全部(郊外吃店) | 一般梯之全部 店內全部(除了特別部外) | *特別部陳列 | 店內全部 *戲劇性的陳列 | *店內一般陳列 *特別的 *諮詢角落 | *諮詢角落 店內全般 | *諮詢角落 *設計角落 *穿衣角落 | *調髮 *刮鬍子 *化妝 *洗髮 *收銀處 | 集會室・調理室 *餐桌 *電阻器 *收銀處 *行李寄放處 |
| 500 | *一般陳列品商議室 | — | 高層梯的全部 | | | | | | 接客角落 | | |
| 300 | 客廳 | 店內全部 | | | — | — | 店內全部 | | | | 玄關接客室・洗臉台・廁所 |
| 200 | 洗臉台・廁所・階段・廊下 | | | 特別部的全部 | 戲劇性陳列部之全般 | | | | 店內全部 | 店內廁所 | |
| 150 | — | | | | | | 特殊部的全部 | | | | |
| 100 | 休息室店內全般最低 | | | | | | | | — | 走廊樓梯 | 走廊・樓梯 |

143

## (4) 決定照明器具

選好照明方法和燈之後,可從廠商的目錄等選出適合條件的照明器具,再做原始設計。

## (5) 照明度的計算

從各個房間選定的照明器具的規格內容可得到光束,照明率、保守率、配光曲線的資料,再根據設計圖面算出房間指數,再決定平均照明度、照明器具的必要台數。

(l3) 照明度計算,請參照P-144,圖3-a、3-b,照明計畫照明度計算表請參照P-145)

## (6) 照明器具的配置

根據照明器的配光曲線的高度、配光範圍來消除暗處。又,通路和照明器具的配置關係,像百葉窗(louver)、反射板(baffle)般,不能切斷強光的器具,須考慮顧客站在通路時,選擇壁面的商品時,不要有太強的光源直接進入顧客的視線。

(請參照P-145,圖3-a)

## (7) 綜合檢查

檢查天花板面和天花板內部和其他設備的關連(請參照P-136 5-(1)電氣設備設計的重點)

● 決定照明計畫(請參照照明計畫的順序P-142)

---

### 部屋別照明器具規格表

西元　年　月　日作成

| 室　　名 | 平均照度 | 使用器具名 | 型號 | 燈種別 | W數 | 個數 | 容量 | 特殊記載 |
|---|---|---|---|---|---|---|---|---|
| | | | | | | | | |
| | | | | | | | | |
| | | | | | | | | |

---

| 1.設定各個房間的必要照明度 | 參照JIS的照明度基準 |
| 2.決定照明方法 | 根據直接照明、半直接照明、全部擴散照明、半間接照明、間接照明等燈光、配光特徵來檢討適當的使用場所 |
| 3.設定光源 | 檢討白熱球、日光燈、HID燈等種類規格、營業成本 |
| 4.選定照明器具 | 依照各個房間的印象及功能來決定照明方法和燈,並選擇照明器具 |
| 5.計算照明度、必要的台數 | 考慮照明算出適當的照明和器具燈數 |
| 6.照明器具的配置 | 在圖面中設置照明器具 |
| 7.綜合檢查 | 檢查天花板面和天花板內部和其他設備的關連,產生不合時,回到前面順序處理之。 |
| 8.決定照明計畫 | |

---

### (3) 照明度的計算

當做求出平均照明度的事例,求出服飾店的基本照明A型的平均照明度(圖3-a:服飾店的各區照明度和P145照明計畫照明度計算表)

(1)依照減光補償率表的概算值(用(1)的計算式)來求出保守率。

(2)求出賣場的面積。面寬尺寸3.7m×縱深尺寸7.68m＝28.42m²,因有缺少的部份,所以實際上只有28.41m²。

為了讓房間指數的計算式成立,換算成長方形的面寬和縱深時,賣場面積28.41m²÷37.m＝7.68m(縱深尺寸)這些數值和計算式相符,可求出(2)室的指數。

(3)在廠商的目錄上,照明率是用照明器具單位來表示,可以從室內的天花板、壁面、地板的反射率(請參照照明率

3-a；服飾店各區的照明度

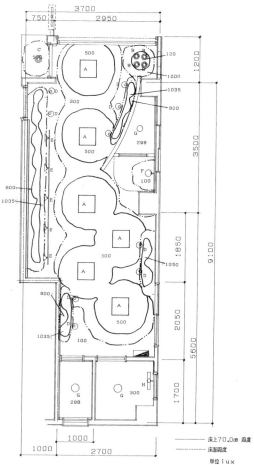

─── 床上70.0cm 照度
----- 床面照度
單位 lux

3-b；服飾店的計畫

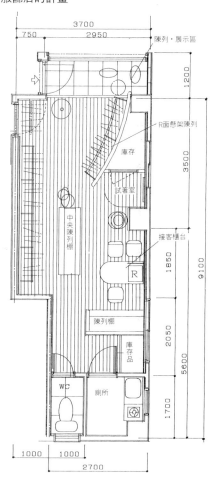

陳列‧展示區
R面架懸架陳列
庫存
試著室
中央陳列棚
接客櫃台
R
陳列棚
庫存品
WC
廁所

照明計畫照明度計算表

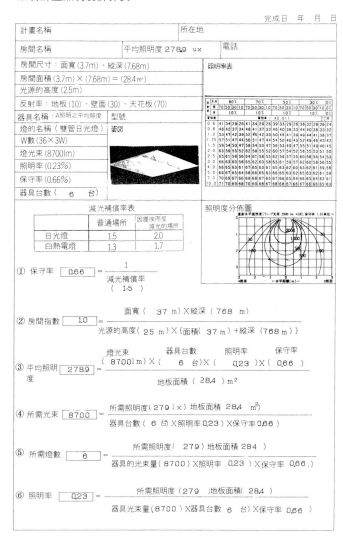

完成日　年　月　日

| 計畫名稱 | | 所在地 | |
|---|---|---|---|
| 房間名稱 | | 平均照明度 278.9 ux | 電話 |
| 房間尺寸：面寬(3.7m)、縱深(7.68m) | | | 照明率表 |
| 房間面積(3.7m)×(7.68m)＝(28.4㎡) | | | |
| 光源的高度(2.5m) | | | |
| 反射率：地板(10)、壁面(30)、天花板(70) | | | |
| 器具名稱：A照明之平均照度 | 型號 | | |
| 燈的名稱(雙管日光燈) | 姿圖 | | |
| W數(36×3W) | | | |
| 燈光束(8700lm) | | | |
| 照明率(0.23%) | | | |
| 保守率(0.66%) | | | |
| 器具台數( 6 台) | | | |

減光補償率表

| | 普通場所 | 因塵埃而受減光的場所 |
|---|---|---|
| 日光燈 | 1.5 | 2.0 |
| 白熱電燈 | 1.3 | 1.7 |

① 保守率 $\boxed{0.66}$ ＝ $\dfrac{1}{減光補償率( 1.5 )}$

② 房間指數 $\boxed{1.0}$ ＝ $\dfrac{面寬( 37 m)×縱深( 768 m)}{光源的高度( 25 m)×〔面積( 37 m)＋縱深( 768 m)〕}$

③ 平均照明度 $\boxed{278.9}$ ＝ $\dfrac{燈光束( 8700 lm)×器具台數( 6 台)×照明率( 0.23 )×保守率( 0.66 )}{地板面積( 28.4 )m^2}$

④ 所需光束 $\boxed{8700}$ ＝ $\dfrac{所需照明度( 279 lx)×地板面積 28.4 m^2}{器具台數( 6 台×照明率0.23)×保守率0.66}$

⑤ 所需燈數 $\boxed{6}$ ＝ $\dfrac{所需照明度( 279 )地板面積284}{器具的光束量( 8700 )×照明率 0.23 )×保守率 0.66}$

⑥ 照明率 $\boxed{0.23}$ ＝ $\dfrac{所需照明度( 279 )地板面積( 28.4 )}{器具光束量(8700)×器具台數 6 台)×保守率 0.66 }$

(4)求出基本照明A的賣場全體的平均照明度（用(3)的計算式）。

(5)選定燈光時（用(4)的計算式）求出所需光束後，選擇符合的照明器具。

(6)決定所需的照明度和照明器具之後，求出房屋面積所需要的燈數（用(5)計算式）。

平均照明度是基本照明的亮度，實際上因器具的照明方式及燈的特性而有不同的照明度。目錄上有照明器具的照明度分佈圖，表示從光源的距離和直射水平面的距離的照明度的分佈，利用這個分佈圖、關於重點照明和點照明，可求出器具的配置和照明度的基準。

在複雜的照明計畫中，最好的專門的照明設計者商量大規模的設備和照明。

8:店舖的色彩計畫
　　(1) 色彩體系　　　(4) 配色的印象
　　(2) 色彩的對比　　(5) 店舖的配色印象
　　(3) 視認度　　　　(6) 店舖的簽名計畫

# 8：店舖的色彩計畫

決定店舖的色彩時，主角是「顧客和商品」，店舖設備的壁面和器具的組成要考慮舞台背景和演出裝置。主角以外的背景、小道具若色彩鮮艷的話，主角的存在就較薄弱。因此，關於店舖的色彩方面，材料的結構和照明效果互相影響，所以要慎重地調節色彩，必須避免由經營者的喜好及設計者的興趣來決定。必須根據提升商品印象及讓顧客覺得心裡舒服的客觀資料來做色彩計畫。

## (1) 色彩的體系

### ① 顏色的種類

顏色可以分為無色彩和有色彩兩種。無色彩是「沒有顏色的顏色」，（圖1-a：明亮度階段）表示黑到白的明亮階段。有色彩為無色彩以外的「顏色」，甚至於可以細分為明亮度和彩度。

### ② 顏色的三屬性

人的色感可辨識750萬種顏色左右。但是要識別這龐大的數目，加上色名整理是不可能的，儘可能整理出「色度」，顏色的性質可以分為明度、彩度和色相，它們是顏色的三屬性。

● 關於色相

顏色的基本色有紅、橙、黃、綠、藍、紫，把相鄰的顏色混合的話，可以得到中間顏色，可以構成顏色的變化色環（圖1-b：日本色研配色體色<P.C.C.S>的色環，請參照P-147。色相環中有相同名稱的顏色，有*的為基準色。

● 明亮度

無色彩從「黑」到「白」，及其中間色的灰色。日本色研配色體系的明亮度階段中（請參照圖1-a：明亮度階段），黑為（1.0），灰色分為（2.4）、（3.5）、（4.5）、（5.5）、（6.5）、（7.5）、（8.5）七個階段，明亮度最高的白色為（9.5）。
對光的反射率，白色最高，黑色最低。
有色彩也可以根據這個「明亮度階段」來分類。

● 關於彩度（色度）

色度的強弱，在日本色研配色體系的彩度表示中，將明亮度階段的灰色和色相環的純色混合、分為九個階段。

### ③ 互補色

互補色有心理互補色和物理互補色。心理互補色是長時間看某種顏色後，視神經會漸漸疲勞，為了恢復疲勞而誘出「某種顏色」來調整。如此一來，原來的顏色和被引出的顏色就是心理互補色。

物理互補色是將兩個顏色混合成「白色」，或灰色，這種關係就是互補色的關係。

色相環中（請參照P-147圖1-b：日本色研配色體系(P.C.C.S)的色相環）相對的兩個顏色就是互補色關係。

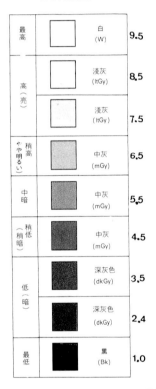

l-a；明亮度階段

| | | | |
|---|---|---|---|
| 最高 | | 白 (W) | 9.5 |
| 高（亮） | | 淺灰 (ltGy) | 8.5 |
| | | 淺灰 (ltGy) | 7.5 |
| 稍高（やや明るい） | | 中灰 (mGy) | 6.5 |
| 中暗 | | 中灰 (mGy) | 5.5 |
| 稍低（稍暗） | | 中灰 (mGy) | 4.5 |
| 低（暗） | | 深灰色 (dkGy) | 3.5 |
| | | 深灰色 (dkGy) | 2.4 |
| 最低 | | 黑 (Bk) | 1.0 |

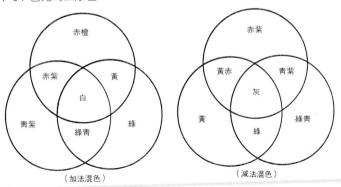

l-c；色光的三原色　　　　l-d；物體色（色料）的三原色

（加法混色）　　　　　　　（減法混色）

④ 物體色和色光

不能分開考量店舖空間中的色彩和照明關係。為了能讓商品的顏色、地板、牆壁、天花板的顏色和符合質感的顏色（物體色二色料）進入顧客的視覺，為了提高商品的吸引力、陳列效果，必須調節色彩面和照明。必須好好地了解顏色和光的關係再來設計。

物體色（色料）的基本色為色相環中（圖1-b：日本色研配色體系<P.C.C.S>色相環）有※記號的濃紫紅色、藍綠色和黃色，稱做物體色的三原色（請參照P-146圖1-d）。混合這三原地，可以造出中間色彩，混合同樣的三原色就變成深灰色。

色光常用在舞台照明上，是有過濾色彩、透光的顏色，紅橙、藍紫和綠色（色相環中有★記號的顏色）為三原色。（請參照P-146 圖1-C）將這些色光混合，就可以得到多種色相。混合同樣多的三原色就變成白色，加減顏色就可以做出較淡的顏色。

⑤ 色立體

圖1-e是用立體表示顏色三屬性的明亮度、色相和彩度的關係。

把明亮度階段放在高軸上，白為「天」，黑為「地」，中間位置以明亮度軸為中心，放在色相環上的話，明亮度宙和色相環連結的橫軸就表示彩度階段。各色相的顏色和明亮度軸的白到黑所連結的範圍表示色相環的「某種顏色」的明亮度

I-b；日本色研配色體系(P.C.C.S)色相環

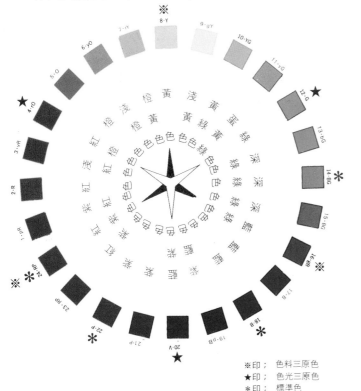

※印； 色料三原色
★印； 色光三原色
＊印； 標準色

I-e；色相、明度、彩度（色立體）

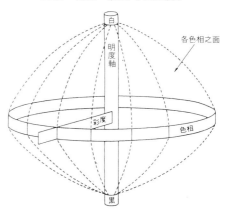

I-f；色相面(色立體)的斷面

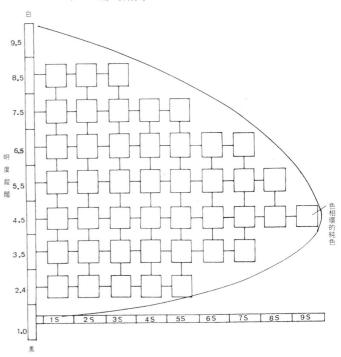

和彩度的色相面。這固色相面以明亮度軸為中心，組成各種顏色的相環，可以從明亮度、色相、彩度的關係來理解色立體。

圖1-f是色立體色相環的某純色部份的縱斷面。中心軸取明亮度階段，外側為純色，中間為彩度階段，隨著混合無色彩和純色之後，和彩度階段的交點（口部份）處可以得到純色的「和顏色強烈不同的調調」。同樣地，可以看出色相環各種顏色的斷面的色相面。

## ⑵ 顏色的對比

日常生活中，看見「東西」時，不僅只看見「東西」而已，也會看見周圍的各種顏色。例如，在街上看見招牌的顏色及其背景之建築物的顏色、店舖的裝潢、地板、壁面和天花板的關係或西餐廳的桌布和餐具類、地板顏色的關係等，顏色會互相影響，會給看的人「感覺舒服」或「感覺不舒服」。又，兩種顏色重覆時，實際上可以看見「東西」的不同顏色，所以在做店舖色彩計畫之後，商品的背景效果及空間的膨脹、縮小的錯覺是很重要的問題。顏色的對比關係推至極致就是因顏色的「看得見的方法」及「感覺的方法」而產生的不調和的感覺，而造成不快，所以要注意。

2-①；明亮度對比

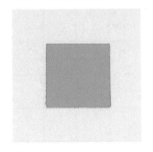 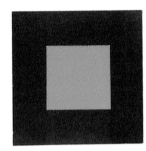

2-a　　　　　　　　2-b

### ① 明亮度的對比（請參照圖2-a、b）

在明亮度差大的白和黑中，把有同樣明亮度的顏色放置好，2-a中感覺較暗，2-b中感覺較亮。

### ② 色相對比（請參照圖2-c、d）

在色相不同的顏色（紅和黃）中，放置相同明亮階段，相同彩度階段的顏色（橙色）的話，可看出2-c中的顏色「稍帶黃色」，2-d中的顏色稍帶紅色02-c中眼睛因受「紅色」的刺激而疲勞，為了調節，視神經會導出「紅色」的心理互補色－即色相環中180度相對色（綠色），就可單方面看到該顏色。

2-d時，同樣地可看到「黃色」的心理互補色（深紫色）的「稍帶紅色的橘色」。

2-②；色相對比

2-c　　　　　　　　2-d

### ③ 彩度對比（請參照圖2-e、f）

把有相同度的顏色放在比它強的彩度中就是2-f，放至較弱彩度中就是2-e。

2-e的「紅顏色」受比周圍的彩度強的「紅色」影響，反而感覺采度較弱02-f中的「紅色」比周圍的「紅色」彩度弱，感覺比實際的彩度強。

2-③；彩色對比

2-e　　　　　　　　2-f

④邊緣對比（請參照圖-2-g、h）

2-g中央所有的灰色都有一樣的明亮度。但是，當亮色和暗色相接時，接觸邊緣就產生對比現象，可以看見明亮度的變化。看看2-h全體，可以感覺在白線交接處有黑影。這也是邊緣對比。

2-④；邊緣對比

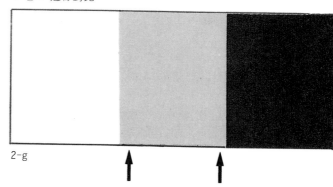

2-g

2-h

⑤互補色餘像對比（請參照圖2-i、j）

一直看同一種顏色的話，眼睛會漸漸地疲勞。這時，為了讓視神經恢復疲勞，可以找出正在看的顏色的心理互補色來調整。注視2-i框框內的「紅色」一會兒，把眼睛移到右邊框框，注視一會兒，就可以看到「紅色」的心理互補色的「深綠色」。

2-⑤；補色對比

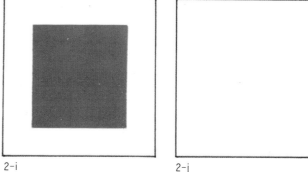

2-i          2-j

⑥繼續對比（請參照圖2-k、l）

所謂的繼續對比是受互補色餘像（請參照（5）互補色餘像對比），眼睛移動處可看見不同顏色現象，例如在紅色的2-k和深綠2-l中，重覆相同明亮的灰色的話，k中的灰色會帶點「綠色」，l中的灰色會帶點「紅色」。

2-⑥；繼續對比

2-k

2-l

## (3)視覺認知度

在交通標識和街上的招牌中,雖可以從遠處確認,卻不明確,若和四周環境調和,就會感覺很好,若和四周不調和,太過醒目的話,就會產生心理上的抵抗。

視覺認知度高或低,在同樣的燈光下,在同樣大小、同樣圖形、同樣距離的條件下,改變其配色,透過「容易看」「不易看」的比較就可以確認。

圖3-a是視覺認知度高的配色,3-b是視認知低的配色(請參照P151),它們都是實際配色的東西,視覺認知度高容易看見時,配色的明亮度差別大,視覺認知度低不容易看見時,明亮度差別較小。

又,視覺認知度高的配色順序中沒有列入,卻最受注意,用在交通信號和消防車的「紅色」,在其他顏色中特別顯眼,「注意價值」很高,所以被當做視覺認知度的另類處理。

視覺認知度高的配色順序

| 順 位 | 1 | 2 | 3 | 4 | 5 | 6 | 7 | 8 | 9 | 10 |
|---|---|---|---|---|---|---|---|---|---|---|
| 地色<br>圖形顏色 | 黑<br>黃 | 黃<br>黑 | 黑<br>白 | 紫<br>白 | 紫<br>黃 | 青<br>白 | 綠<br>白 | 白<br>黑 | 黃<br>綠 | 黃<br>青 |

視覺認知度低的配色順序

| 順 位 | 1 | 2 | 3 | 4 | 5 | 6 | 7 | 8 | 9 | 10 |
|---|---|---|---|---|---|---|---|---|---|---|
| 地色<br>圖形顏色 | 黃<br>白 | 白<br>黃 | 紅<br>綠 | 紅<br>青 | 黑<br>紫 | 紫<br>黑 | 灰<br>綠 | 紅<br>紫 | 綠<br>紅 | 黑<br>青 |

本表中沒有的顏色組合,是中位程度的視覺認知度。

(千葉大學 塚田 敢老師的調查)

3-a；視覺認知度高的配色

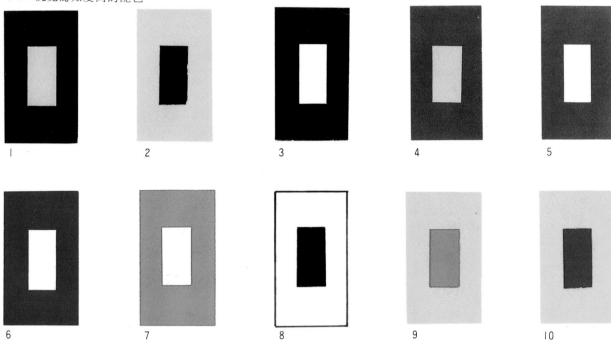

| | | | | |
|---|---|---|---|---|
| 1 | 2 | 3 | 4 | 5 |
| 6 | 7 | 8 | 9 | 10 |

3-b；視覺認知度低的配色

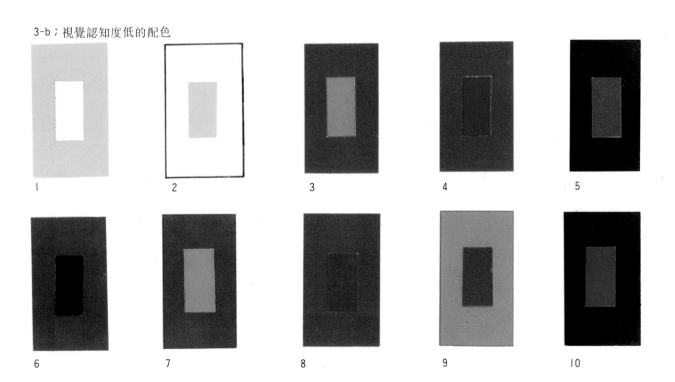

| | | | | |
|---|---|---|---|---|
| 1 | 2 | 3 | 4 | 5 |
| 6 | 7 | 8 | 9 | 10 |

## ⑷ 配色的印象

像印刷物和海報，須考慮用平面組合的二次元色彩調和時的配色，就可以用「顏色的要素」來組合，在店舖的色彩計畫上，用空間的視覺效果就可以判斷是否能取得色彩的平衡。即，不僅是地板、牆壁、天花板的立體組合面的配色平衡而已，也和各方面的組成材料紋路，材料的組成面積比及和照明效果的密接有關。這候，最重要的事情是「商品和顧客是主角」。若由設計者憑個人感覺來選擇色彩，就會讓器具和牆壁面太過豪華，陳列商品的話，魅力會減半，若用經費者喜好的顏色的話，業種和商品的印象就會變成異質空間，絕對要避免。本質上，要考慮色彩的比理作用及流行趨向的色彩，分析、檢討客觀的要素後再做決定。如圖4-a是表示色彩的感覺的配色和印象。不能就這樣用在店舖的配色上，比較「感覺」之後再用。

4-a； 顏色的感覺方法

① 感覺暖和的配色

感覺冷的配色

② 感覺華麗的配色

感覺樸素的配色

③ 有強烈感覺的配色

微弱感覺的配色

④ 重感覺的配色

輕感覺的配色

⑤ 有男子氣概感覺的配色　　　　有女性感覺的配色

⑥ 感覺安靜的配色　　　　　　　動感的配色

⑦ 柔軟感覺的配色　　　　　　　硬感的配色

⑧ 清晰感覺的配色　　　　　　　模糊感覺的配色

〔色彩和配色〕大田昭雄、河原英介共著

153

## ⑸店舖的配色印象

圖5-a～k是檢討店舖色彩計畫時，考慮地板、牆壁、天花板的完成材料、配合商品的色度、形狀、照明效果，決定室內裝潢基本色彩的配色例子。製做店舖的地板、牆壁、天花板的透視圖、塗上印象色的作品。

為了讓店內空間看起來更立體感，用同一把縮尺來描繪外部裝潢的線透視圖，去除窗戶面，準備可看穿內部的面具（請參照p-157，圖5-1）（收錄在附錄頭捲）。

這和內部透視圖(5-a-5-k)重覆時，就可以看見實際店舖的印象。也可以檢視一下店內商品的顏色和桌、椅顏色的配置及店內全體配色的平衡（請參照p-157，圖5-m）。這種方法可以讓設計者用各種做法來配色，當做色彩高節的工具來使用是很方便的。

又，在捲頭收錄有八點mask(1-8)。請利用這些自由嚐試一下。

5-a；服飾店

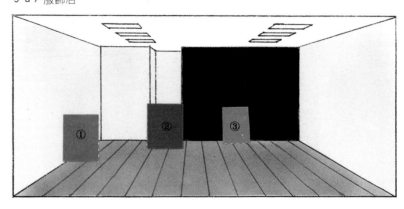

5-b；寶石、手錶、眼鏡

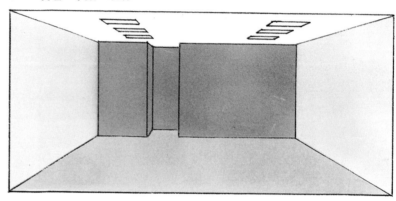

5-c；性格商品

5-c：性格商品
地板：daruledo系列
壁面：peruping系列＋clepuledo紫色
天花板：灰白色

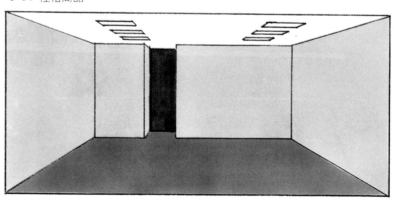

5-d；機械式的商品

5-d：機械商品
地板：亮灰色shupeju系列
壁面：灰白色＋黑色
天花板：perupju系列

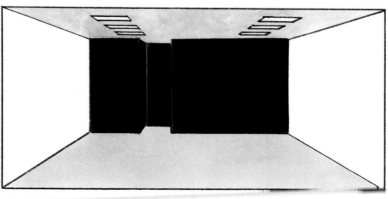

5-a：服飾店
地板：中灰6.5
壁面：象牙色系列
天花板：深灰色2.4
(1)～(3)：商品彩色

5-e；紳士服、運動服

5-e：紳士服、運動服
地板：淺灰8.5＋深灰3.5
壁面：灰白色
天花板：淺灰原色系列

5-b：寶石、鐘錶、眼鏡
地板：perubulaun系列
壁面：象牙色系列＋淺灰、棕色
天花板：灰白色

5-f；水果店

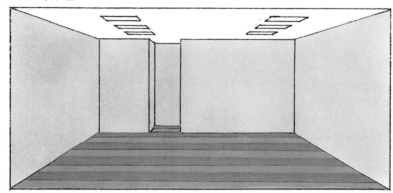

5-f：水果店
地板：淺灰綠系列＋深灰綠系列
壁面：灰黃系列
天花板：灰白色

5-g；明亮的服飾店

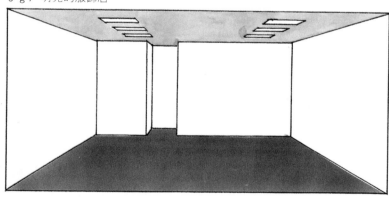

5-g：明亮的服飾店
地板：tepuleto papuru系列
壁面：灰白色
天花板：淺灰8.5

5-h；鞋子、背包

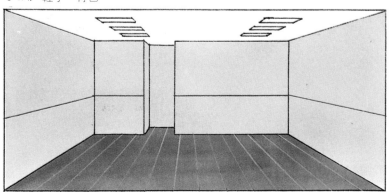

5-h：鞋子、背包
地板：灰棕系列
壁面：原色系列
天花板：灰白色

5-i；明亮的西餐廳

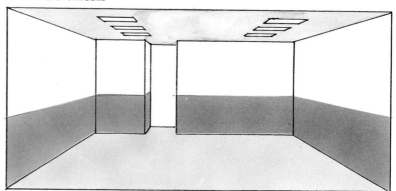

地板：原色系列
壁面：灰白系列＋灰棕系列
天花板：淺灰8.5

5-j；商品的豪華店

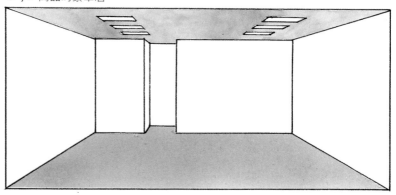

5-j：商品的豪華店
地板：中灰6.5
壁面：灰白
天花板：淺灰8.5

5-k；以照明爲中心的展示房間

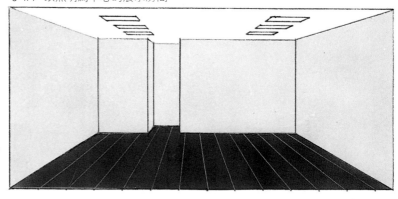

5-k：以照明爲中心的展示房間
地板：灰藍系列
壁面：perugulinisiu sukai系列
天花板：灰白

mask1

①

mask2

②

mask3

③

## 5-i：事例一（準備mask）

準備mask1～8。mask另附在附錄上。

## 5-m：事例-2（檢查配色）

八點mask中，mask6和內部透視圖5-a（收錄在p-154）重覆，可以檢查服飾類、商品什器類的店內整體配色。同樣地，請配合1.1點的內部透視圖(5-a-5-k)

5-l；事例-l

mask4

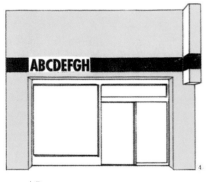

mask5

5-m；事例-2

mask6

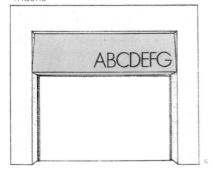

mask7

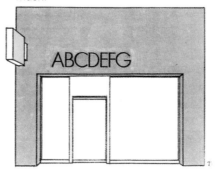

mask8

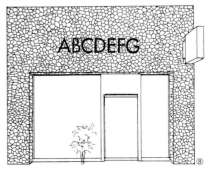

## ⑹ 店舖的招牌計畫

招牌是每個店舖存在的必要訴求，儘量避免會影響商業環境和都市景觀的奇怪的招牌或炫麗的色彩。對於屋外廣告物的美觀及安全都有所規制，和店舖所在地的相關官廳事前商量或調查之後再進行計畫是很重要的。

### ●招牌的種類

一般，店舖所使用的招牌種類有：

(1) 店頭招牌

(2) 售貨攤招牌

(3) 屋頂招牌

(4) 外牆招牌

(5) 警告招牌

(6) 突出招牌

(7) 吊著的招牌

檢查店舖的位置、和通行者的關係、法的規制、訴求效果等條件及檢討設置的位置、尺寸、照明方式後再決定型態。

### ●關於屋外招牌應注意事項

大都市和地方都市因環境不同，其規制也有嚴鬆之分，所以需要事先和所管轄的相關官廳事先商量。

(1) 在居住地區、文教地區露出的霓虹管，紅色霓虹管等的使用限制。

(2) 招牌突出於前面的公共步道車道時，來自基地境面的限制。

(3) 設置招牌（廣告物）時，若前面有步道，從路面到招牌下面的限制。

(4) 前面路面沒有步、車道之分時，從路面到招牌下面的限制。

(5) 在前面步、車道上，超越壁面高度設置招牌時，須受「壁面的高度」＋招牌的突出尺寸限制。

(6) 在同一個壁面，可否設置相同內容的招牌的限制。

(7) 對於形狀、規模、創意、色彩及其他表示方法會妨礙景緻美觀時的廣告限制。

(8) 對會危害公眾之虞的廣告物或揭露該物件的限制

(9) 使用螢光塗料、螢光底片的限制

(10) 設在地上的廣告物高度的限制

(11) 在木造建築物上設置廣告的高度限制

(12) 在鋼筋混凝土造、鐵骨造等耐火構造、不燃構造的建築物屋頂上設置廣告物的高度限制

(13) 利用前面壁面的廣告板，從前面道路到廣告物上端的高度限制

(14) 把廣告板設在建築物的壁面時，關於窗戶和開口部份的限制。

(15) 廣告板的面積和牆壁面積的比例限制

(16) 在屋頂上設置廣告物時，和建築物線關係的限制

(17) 占用道路許可的限制和申請

(18) 道路使用許可的限制和申請

(19) 其他

| 招牌計畫 | | | 完成日　年　月　日 | |
|---|---|---|---|---|
| 店名 | | 計畫店舖的所在地 | | |
| | | | TEL | （　　） |
| 企業名稱 | | 擔任者 | TEL | （　　） |
| | | | FAX | （　　） |
| 招牌種類 | | 設置場所 | | |
| 標識 | | | | |
| 招牌的尺寸 | | 高度 | 縱深 | |
| 材料 | | | | |

設計圖 — 指定色彩（指定項目／指定色彩）

設置場所照片

其他的希望事項

●招牌設計的重點

(1)招牌的大小和視覺認知的距離的檢討

(2)招牌的設置高度和視覺認知距離的檢討

(3)檢討招牌的種類

(4)照明方式：霓虹招牌或點式或內照式

(5)檢討招牌設計的訴求效果

(6)檢討白天和晚上的設計效果

(7)確認招牌設置的法規

(8)檢討建築物和招牌面積的平衡

(9)考慮耐久性及掉落

(10)確認法規

(11)檢討和周圍環境的協調

(12)檢討和店舖外部裝潢的協調和訴求

(13)確認使用霓虹招牌的高度限制

(14)關於高壓電流的安全對策

(15)對通行者的安全對策

(16)防止漏電的檢討

(17)檢討省能源

(18)檢討營業成本

(19)確認消費電力的容許量

(20)確認menans

(21)考慮打雷、強風

(22)其他

6-a；招牌的安裝限制

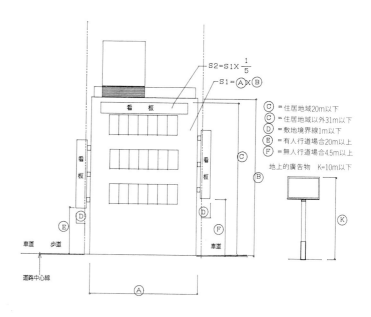

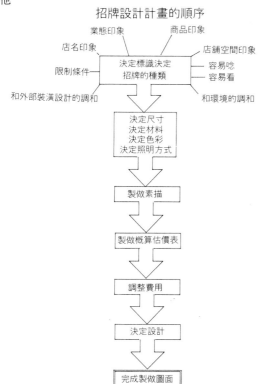

# III 從計畫開店到開店爲止

店舖設計的業務在本書「店舖的計畫圖書和表現」「店舖設計和功能」中已提到，可當做專門的商業設計的計畫、設計、監督來進行，其業務範圍很廣，特別是為了調整在店舖企畫階段時的可能經營條件的商業環境的調查研究，透過生活在那裡的人們意識、行動來調查其生活型態，並分析他們的購買習慣及地區的特性。

一面分析商店街、購物大廈、大型店的商業集聚勢力，各個店舖間的競爭狀況，各種現在的環境要素，一面整備店舖的設備設計。可以在這些業務專家的中小企業診斷師、經營顧問的協助下，適當地把握商業環境。

關於商業設備方面，建築結構體及店舖創作、建築設備和店舖設備，各有不同的設計和功能，接受建築和店舖設計的分離預訂時，特別是在建築結構上的問題、各種設備的容量、設計區分及工程區分上，要和建築師緊密地商量才行。

在店舖工程的階段，站在設計監督的專門立場來說明實施設計的內容。有時候，依照工程的進度，可要求工程監督者做專門的商

店舖設計的total follow（從店舖計畫到開店）

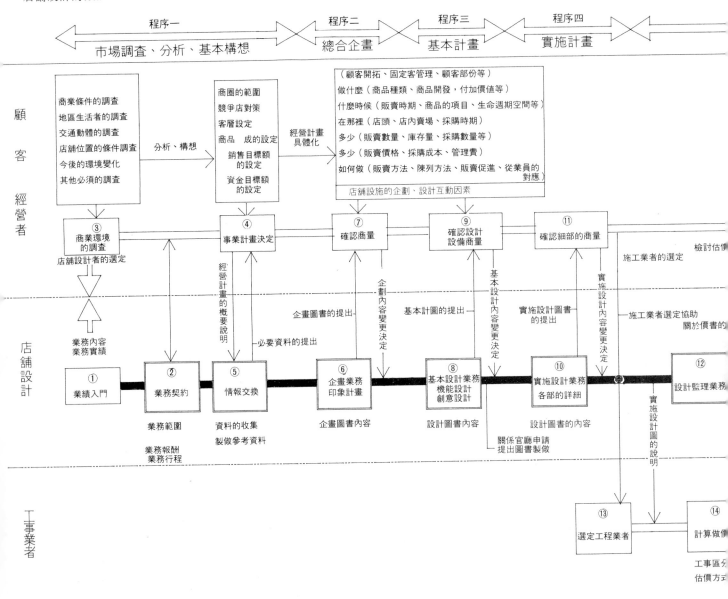

以店舖設計者本身的業務爲中心，依序整理顧問及工程業者交付的業務。本文中的每一個程序都照順序說明。

量及能指導的知識及適性。特別是在工程中產生的麻煩及變更工程，如果不預先了解工程的內容、工程本身，就不能和工監督者產生共識。

把（店舖計畫到開店為止）的流程圖整理如下。關於店舖設計及顧客以及和工程業者有關的接觸點及其內容，在各個工程的階段，試著設定能檢查及處理的形式。

把項目和內容訂在基本的範圍內，如果沒有充份網羅的話，會因業種、業態及店舖型態、規模而有不同的項目內容，希望能配合各種case來使用form。

下面來敘述一下程序一（市場調查、分析、基本構想）到最後程序（開店）的業務內容。

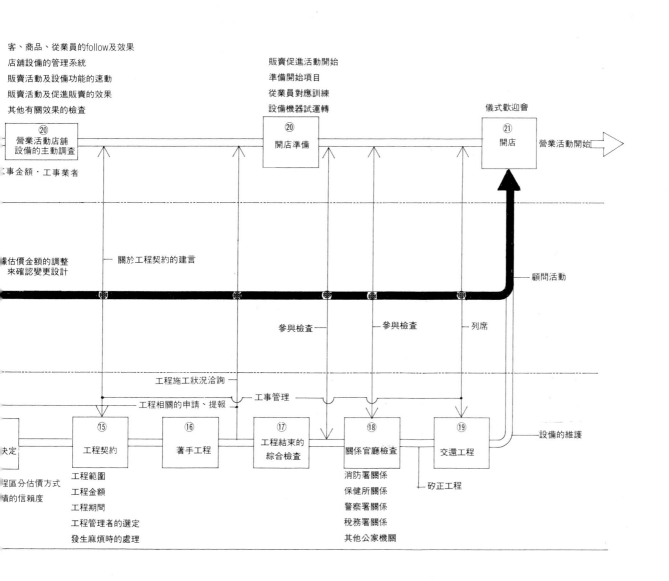

程序一：市場調查、分析、基本構想

程序一是基於市場調查及分析來建立基本構想，檢討其適當性到開店的階段。

```
1：入門
2：業務契約
  (1)業務範圍
  (2)業務的報酬
  (3)業務行程
3：商業環境的調查
  (1)調查商業條件
  (2)調查地區生活者
  (3)調查交通動態
  (4)調查店舖的位置條件
  (5)今後的環境變化
4：決定事業計畫
  (1)商圈的範圍
  (2)競爭店對策
  (3)設定顧客層次
  (4)設定商品的組成
  (5)設定銷售目標
  (6)設定資金目標
5：交換情報
  ●資料的收集及製做參考資料
```

# 1：入門

顧主依店舖設計而拜託業務時

(1)顧主這一方，把店舖的經營計畫委託專門的經營顧問，基於此，只把店舖設備的設計業務範圍委託給店舖設計者。

(2)選好開店場所後，把包含市場調查在內的綜合企畫設計業務委託給店舖設計者。

(3)組織計畫、進行業務（大規模商業設備的計畫等），在專門的部門做市場調查及分析，立事業計畫。店舖設計者參與計畫，一面把握綜合內容，一面內裝監督及站在設備企畫設計的專門立場來進行業務。

(4)是tenant（出租）開店計畫，預先決定條件時。

在商業大廈、車站大樓開店時，須明確商業環境的指針，店舖設計的指針及對施工的規定等，店舖設計者一面調合這些條件，一面提出個別的設計概念，以便進行企畫設計業務。

有上述幾個案例可考量，不管是哪一種，店舖設計者不僅企畫設計業務，從市場調查、分析到店舖經營，必須有綜合的知識和適當的判斷力才行。

---

**業務契約書**

住址
委託者（甲）公司名稱　　　　　　　　　　　　　印
代表者

住址
受託者（乙）公司名稱　　　　　　　　　　　　　印
代表者

委託者（甲）和受託者（乙）於西元　年　月　日根據下列款項訂定業務契約。

第一條：〔業務名稱〕

第二條：〔業務物件的所在地〕

第三條：〔業務內容〕
甲委託乙的業務為下面內容的全部或一部份。

1.（市場調查、分析）
關於第一條、第二條所規定的內容，進行商業環境調查後再建立基本構想。

2.（企畫業務）
根據基本構想（事業計畫）來一面檢討經營政策、選地條件、販售管理、商品計畫、促進販賣、財務、勞務、事務管理等和店舖設備的綜合關連性，一面明確設計和功能（表現設計）。

3.（基本設計業務）
根據甲所承認的企畫圖書(prezentetion)來做構造、材料、色彩、尺寸等基本設計，必要時，設定工程費的概算。

4.實施設計業務
根據已決定的基本設計圖來進行各部份的詳細設計、工作物的詳細設計、完成樣本、設定色彩、其他估價及工程可能的必要詳細設計。

5.（設計管理業務）
關於工程契約的協助
工程估價的必要設計圖的說明
關於估價書內容的檢查協助
工程變更的處理工程完成檢查
相關官廳的調查列席

第四條：〔業務期間及日程〕
另表，依照「店舖設計、設計行程表」
1：預定提出市場調查、分析、基本構想圖的日期
　　　　　　　　　　　　　　　　　西元　年　月　日
2：預定提出企畫設計圖書的日期
　　　　　　　　　　　　　　　　　西元　年　月　日

3：預定提出基本設計圖書的日期
　　　　　　　　　　西元　年　月　日
　　4：設計監督管理完成預定日
　　　　　　　　　　　年　　月　　日

第五條：〔業務報酬〕
乙完成第三條所示業務內容後，甲付乙酬金　　　圓

第六條：〔付款方式〕
訂契約時付報酬額的　%　　圓
提出基本設計完成日時付報酬額的　%　　　圓
設計監督管理完成時付報酬額的　%　　　圓

第七條：〔變更設計及其報酬〕
完成實施設計，甲承認後須變更設計時，依據第五條的金
額，甲和乙協議之後，甲再加上設計監督管理完成時的支
付金額。

第八條：〔停止設計業務〕
甲締結本契約之後，甲要停止契約時，甲須付乙第五條規
定金額的　%。

第九條：〔變更業務期間、日程〕
有正當理由或不可抗力事件時，乙可向甲要求變更業務期
間及日程。

第十條：〔著作權〕
乙依本契約完成的設計圖、透視圖、模型等，只用在本設
計圖的工程實施上，其所有權及著作權歸乙所有。

第十一條：〔保密〕
乙執行本契約業務時，對甲所提經營上的數值、政策須加
以保密。甲開店後，乙須得到甲的同意後，才能當做參考
資料使用。

第十二條：〔解除契約〕
甲乙雙方中任何一方有下列情形時，另一方得解除契約。
1.違反本契約條款時
2.受到票據交換所停止交易處分時
3.申告破產時

第十三條：〔其他規定〕
本契約未列明事項，由甲、乙雙方協議後決定。以上，本
契約共兩份，甲、乙各保有一份。

# 2：業務契約

以前，關於店舖的設計業務及報酬，與其根據正式的契約書交
易，不如根據訂購、受訂書的形式，個人和法人交易時，可用交
貨。請求書和同樣的商業形式來處理。
這些方法較簡便，但是，訂貨者和店舖設計者雙方若無良好的信
賴關係，就很容易產生糾紛。在業務範圍內，只有在店舖設計者
業務多樣化，特別是受訂限定的工作時，要事先做成店舖設計的
「受訂內容書」或「設計估價書」，雙方同意後再進行交易。
業務契約書可以維持訂貨者和店舖設計者間的信賴關係，互相有
利的內容是很重要的。
上例是「業務契約書的一個例子」。

## (1)業務範圍
店舖設計的業務範圍如（業務契約書）的第三條第一項～第五項
所記，關於商業環境調查及建立事業計畫方面，有時候也由顧問
來制定，訂契約時，要明確業務的範圍。

由工程費算出設計監管報酬費率表

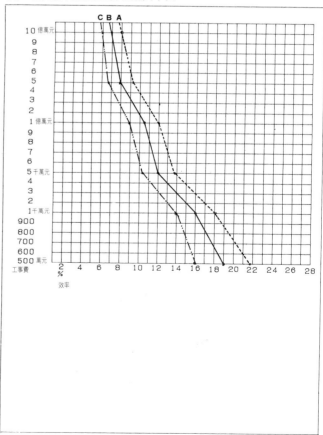

## (2) 業務的報酬

● 關於店舖設計的報酬，並沒有明確的數值規定，一般而言，(1)可用和店舖設計者有關的工程費（工程預算）的比例來計算和(2)用店舖設備的規模（設定一平方公尺的單價後再乘以地板面積）來算出。

在此，由(1)的工程預算算出的報酬費率表可做成標準設計監督管理報酬工程費率表（日本商業環境設計家協會編）來參考。（P-163）

A虛線圖是設計和業務密度高的內容

B實線圖是介於A和C之間的內容

C鎖線圖是使連鎖展開店舖設計成冊，設計和業務密度比較低的內容

可以參考這個表來製做符合各個實際狀況的費率表。（請參照P-163由工程費算出設計監督管理報酬費率表）

● 諮商業務費用

做市場調查、企畫設計業務以前或開店後委託商量指導書等的報酬時也要包括交通工具所需的時間在內

(1)一小時的報酬　日圓×所需要的時間＝　日圓

(2)以八小時為基準一天　日圓×天數＝　日圓

(3)業務上直接需要的人事費用、技術、各種經費＝　日圓

(4)交通費、住宿費另外計算＝　日圓

● 設計業務報酬

**以工程費為基準的費率表**(form)

| 工程費 | 業務區分比例 | | | | |
|---|---|---|---|---|---|
| | 商業環境調查 | 企畫 | 基本設計 | 實施設計 | 設計監理 |
| 500萬元 | % | % | % | % | % |
| 1000萬元 | % | % | % | % | % |
| 2000萬元 | % | % | % | % | % |
| 3000萬元 | % | % | % | % | % |
| 4000萬元 | % | % | % | % | % |
| 5000萬元 | % | % | % | % | % |
| 8000萬元 | % | % | % | % | % |
| 1億萬元 | % | % | % | % | % |
| 2億萬元 | % | % | % | % | % |
| 3億萬元 | % | % | % | % | % |
| 5億萬元以上 | % | % | % | % | % |

## 店舖設計的綜合行程表

| 區分 | 項目 | 星期（日） |
|---|---|---|
| 客戶 | 商量事項 | |
| 建築相關 | 建築結構體 | |
| | 建築設備 | |
| 店舖設計 | 商業環境調查分析　予以／實行 | |
| | 企畫業務　予以／實行 | |
| | 基本設計　予以／實行 | |
| | 實施設計　予以／實行 | |
| | 設計監督管理　予以／實行 | |
| 施工關連 | | |
| | 特殊事項、變更事項 | |

| 工程名稱 | | | 確認檢查 | 完成者 | 製作日期　年　月　日 |
|---|---|---|---|---|---|

## (3)業務行程

訂立店舖設計業務契約時，也規定配合其內容、範圍完成業務的期間，在業務工程的階段，不是店舖設計者單方完成業務，契約範圍的業務什麼時候要和誰商量，如何處理，和委託者做建築分際的調整、施工的調整，互相關連，一面進行計畫。因此，只單純地明記業務的契約期間，而未明示時間計畫的內容。故以店舖設計為中心，製成包含相關業務在內的綜合行程表「店舖設計綜合行程表」，訂契約時充份商量，在業務進行過程也能把握問題點，能有效地進行業務。（請參照店舖設計綜合行程表）

# 3：商業環境的調查

在可能開店的地區，好好調查是否有發展性及該地區的商業環境，檢討其相關的部份。而且也要在計畫中列入對流動的商業環境的將來變化的預測和對應。甚至於從資料來對顧客、商品組成、人的條件、投資條件、設備設計等，店舖經營的各種政策做必要的分析。

## (1)商業條件的調查

(1)調查開店地區的產業別事業所、從業員人數、所得等，來分析顧客的層次。

(2)調查開店地區的商店街，大型店舖等的商業勢力，分析店舖在其中的位置。

(3)調查競爭店。分析在開店地區中店舖和商品組成、營業型態、店舖規模等的

競爭內容，找出差別的方向。（請參照P-168，4:決定事業計畫、(2)競爭店對策）

(4)透過地區全體的交通機關的整備、公共設備的整備、土地開發、人口增加的

程度來分析都市化的傾向，看計畫店舖的顧客層次的動向。

## (2)調查地區生活者

(1)調查地區居住者的人口組成、家庭數目及流入人口、流出人口，並分析其特性。（請參照生活者的調查表）

(2)關於生活者的食、衣、住、閒暇、娛樂，要調查其意識及行動，從需求來分析生活型態。

(3)調查居民的購物習慣及實際的購買行動，分析其地區的特性。

(4)調查店舖前面的通行量，分析來店的顧客。

## 生活者的調查

完成日　年　月　日

| 高圈內生活者的分類是數量 | | | | |
|---|---|---|---|---|
| 總人口 | 名 | 男性 | 名 | 女性 | 名 | 流入人口 | 名 | 流出人口 | 名 |

（以下表格欄位：總人口／男性／女性／流入人口／流出人口）

| | 男性 | 女性 | 流入人口 | 流出人口 |
|---|---|---|---|---|
| 1歲～5歲 | 名 | 名 | 名 | 名 |
| 6歲～9歲 | 名 | 名 | 名 | 名 |
| 10歲代 | 名 | 名 | 名 | 名 |
| 20歲代 | 名 | 名 | 名 | 名 |
| 30歲代 | 名 | 名 | 名 | 名 |
| 40歲代 | 名 | 名 | 名 | 名 |
| 50歲代 | 名 | 名 | 名 | 名 |
| 60歲代 | 名 | 名 | 名 | 名 |

| 職業類別人口 | | 男性 | 女性 | 流入人口 | 流出人口 |
|---|---|---|---|---|---|
| | 事業經營者 | 名 | 名 | 名 | 名 |
| | 事業所從業者 | 名 | 名 | 名 | 名 |
| | 公務員 | 名 | 名 | 名 | 名 |
| | 自營者 | 名 | 名 | 名 | 名 |
| | 主婦 | 名 | 名 | 名 | 名 |
| | 初中、高中生 | 名 | 名 | 名 | 名 |
| | 大學生 | 名 | 名 | 名 | 名 |
| | 其他 | 名 | 名 | 名 | 名 |

| 家庭數目 | | 家族構成 | 名 | 取得水準 | 千円 |
|---|---|---|---|---|---|

| 客層設定的分析 | 生活慾求 | | 生活型態 | |
|---|---|---|---|---|
| | 男性 | 女性 | 男性 | 女性 |
| 衣生活 | | | | |
| 食生活 | | | | |
| 住生活 | | | | |
| 閒暇生活 | | | | |
| 設定客層 | | | | |

調查商圈內的人口組成及家人組成、所得水準等，為了分析生活者的地區特性而安排的。從調查資料來符合生活者的食衣住及娛樂閒暇，從生活型態來得知購買意識、購買行動，符合店舖的概念，以設定「顧客層次」。

## (3)調查交通動態

(1)調查最近車站的上下客數，將他們分為上班者、上課者、購買者，當地居住者及其他，把握來店顧客層次的大概數字。

(2)調查道路的整備狀況，分析地區生活道路、購物道路的安全性和便利性（車道和步道的狀況、商店街道路的整備、停車場的整備等）

(3)調查公車路線及行走狀況，從乘客來抓住可能來店舖的顧客數目。（請參照P-166交通體系和乘客的動態調查及通行量調查表）

交通體系和乘客的動態調查、通行量調查

完成日期　年　月　日

| 鐵路名稱 | | 最近車站名稱 | | | 剪票口數 | |
|---|---|---|---|---|---|---|
| 上下客數 | 人 | 剪票口A | 人 | 剪票口B 人 | 乘車人數 人 | 下車客數 人 |

| 系統 | 公車路線 | 上下客數 | 從上下客數來看地區特性 |
|---|---|---|---|
| | ～ | | |
| | ～ | | |
| | ～ | | 購物動線的特性 |
| | ～ | | |
| | ～ | | |
| | ～ | | |
| | ～ | | |

和店舖的相關性

關連圖（鐵路、公車、道路、上下乘客通行客的關連地圖）

北

開店場所● 最近車站━━━ 停車場 Ⓟ駐輪場 Ⓑ公車站 Ⓢ通行客動線→

以最近的車站為中心，畫出包含店舖四周在內的地圖，整理上下乘客的通行動線、公車路線及使用乘客的數量和通行動線、道路狀況等條件（參考「廣泛商業診斷報告書」「縣市町政要覽」）把握地區的特性、店舖和車站的距離、購物動線，當做誘導通行客和決定店舖設計的資料。

通行量調查

調查日　年　月　日

| 調查場所 | | | | | | | | | | 天氣 | | |
|---|---|---|---|---|---|---|---|---|---|---|---|---|
| 種別 方向數量 調查時間帶 | 步行者 | | | | | | | | 腳踏車 | 機車 | 開車 | 備考 |
| | 小孩 ←→ | | 初中高中生 ←→ | | 成人男性 ←→ | | 成人女性 ←→ | | ←→ | | | |
| 5～6時 | | | | | | | | | | | | |
| 6～7 | | | | | | | | | | | | |
| 7～8 | | | | | | | | | | | | |
| 8～9 | | | | | | | | | | | | |
| 9～10 | | | | | | | | | | | | |
| 10～11 | | | | | | | | | | | | |
| 11～12 | | | | | | | | | | | | |
| 12～13 | | | | | | | | | | | | |
| 13～14 | | | | | | | | | | | | |
| 14～15 | | | | | | | | | | | | |
| 15～16 | | | | | | | | | | | | |
| 16～17 | | | | | | | | | | | | |
| 17～18 | | | | | | | | | | | | |
| 18～19 | | | | | | | | | | | | |
| 19～20 | | | | | | | | | | | | |
| 20～21 | | | | | | | | | | | | |
| 21～22 | | | | | | | | | | | | |
| 22～23 | | | | | | | | | | | | |
| 23～24 | | | | | | | | | | | | |
| 合合計 | | | | | | | | | | | | |
| 行人比例100% | 小孩 | | 初中、高中生 | | 成人男性 | | 成人女性 | | 來店客予測 | | | |

調查結果

開店計畫地區的通行量調查表的例子

用都市規模來調查人口及家庭數所得等，可參考國勢調查、各都道府縣、市町村發行的「要覽」或民間的「地區經濟總覽」，調查開店地區的通行量時，現場直接調查較能得到確實的資料。再預測平常、星期六、日、假日的數量較好。

(4)調查店舖的位置條件

(1)確認所在地、地號及商店街的稱呼。

(2)調查基地的形狀及地質，分析建築物的安全性、店舖方位或景觀。

(3)調查和道路的關係，分析把顧客導入基地及店舖的優缺點。

(4)調查鄰接關係（店舖或公共建築物或空地等）分析其優缺點。

(5)調查地區生活線的設備（上下水道、瓦斯、電氣、通信等）的整備狀況，分析它對店舖的影響。

(6)調查開店地區的法律限制條件，把握店舖的相關性。

(7)若是tenant（出租）時，當做商業大廈，調查它的集客力，tenant（出租）

的狀況，分析開店的優越性。（請參照店舖的位置條件調查表）。

## 店舖位置條件的調查

完成日 年 月 日

| 計畫店舖的名稱 | | | | | |
|---|---|---|---|---|---|
| 所在地 | | | | | |
| 用途地域的指定 | | 建蔽率 % | 容積率 % | 基地面積 m² | |
| 構造 | | 樓層 | | 建築面積 m² | |
| 商業大廈條件 | tenant數 | | 業種構成 | 營業面積 m² | |
| | | | | 設備的概要 | |

基地、建物的形狀　　縮尺＝1/

| | |
|---|---|
| | 招牌 |
| | 電氣　電燈 |
| | 　　　動力 |
| | 給排水 |
| | 瓦斯 |
| | 空調、換氣 |
| | 通信 |
| | 防災 |
| | 備考 |

### (5) 今後的環境變化

一面綜合檢討調查的資料，處理在接點互相影響的問題點，一面檢討先前的預測。

透過以上(1)～(5)的商業環境調查，把握店舖在商業地區中的現狀，好好理解經營條件之後，再進行店舖的設計。

關於商業選地功能方面，有容易理解、每個項目都整理好的區分表（高瀨昌康著「店舖設備的綜合知識」、誠文堂新光社刊）可引用。（請參照商業選地的功能區分表）

## 商業地區選定的功能區分

| 特性 區分<br>商業地區分 | 地區選定特性 | | | | 購買特性 | | | 商業地的商業機能 | | | | | |
|---|---|---|---|---|---|---|---|---|---|---|---|---|---|
| | 商圈、人口 | 來街手段 | 客層 | 通行量 | 購買習慣動機 | 慾求分類 | 購入商品 | 商業形態 | 業種構成 | 街區形成 | 商業的氣氛 | 設備 | event |
| 分散性近鄰型 | 半徑 500～700m 人口 1萬人以下 | 徒步 90% | 近鄰主婦、小孩、老人 當地客 95% 固定客 80% | 平日 3,000人以下 底邊 星期日關 | 每日 1日おき 每隔兩天 近又方便 從親切開始 | 生活條件 的慾求 | 實用品 當用品 | 店舖 生計性商店 分散性商店 小規模性 | 最近店 30% 較遠店 20% 飲食服務店30% 其他 20% | 商店以點分散 | 商店 | 街路灯 舖道設置 旗幟 | 以小孩為中心之夜市，花集 |
| 集結性近鄰型 | 半徑 1,000～1,500m 人口 2～3 萬人以下 | 徒步 70～80% 腳踏車 20% 自用車 10% | 30代中心的 行動的主婦 hort主婦 工作主婦 當地客 90% 固定客 80% | 平日 5,000～8,000人 午後4～6時 尖鋒 星期日漸增 | 一週2～3次 近又方便 從親切開始 價錢價宜 鮮度女子 | 生活之合樂 理化慾求 | 實用品 當用品 普及品 | 市場 集會店舖 最近品商店 中堅超市 | 最近店 40% 較遠店 20% 飲食服務店30% 其他 10% | 道路沿線形成 一長線 T字型 | 商品和價格等 活潑的呼應及 熱鬧程度散發 俗氣給人 | 街路燈 自轉車置場 拱街 共同廁所 指引板 廣播 | 主婦中心 |
| 地區中心型 | 半徑 2,000～5,000m 人口 6～10 萬人以下 | 徒步 50% 腳踏車 15% 自用車 20% 交通機關 15% | 新家庭 學生 薪水階級 售貨員 當地客 50% 固定客 70% | 平日 1萬人以上 親子多型 日曜日急增 | 一週1次 一月2～4次 品質良好 商品才豐富 信用有的 可於一處買得 | 習慣的慾求 地方性的慾求 文化的　情報 社會的慾望 | 準高級品 準流行品 | 地區型SC （購物中心） 連鎖店 較遠、最近 飲食混合街 之複數化 | 最近店 20% 較遠店 40% 飲食服務店30% 其他 10% | 線狀交差，構成街區 | 有多樣變化的 開放地區型 | 步道、 公共椅、 小綠地、 停車場、 服務台 | |
| 廣域中心型 | 半徑 10,000m 以上 人口 30萬人 | 交通 和 自用車 80%以上 | 青少年 年青觀光客 年輕的成年人 上流主婦 都市OL 室內設計的 服務員 上流階級 遠隔地客 當地客 5% 固定客 30% | 平日 2萬人以上 Matter Horun型 | 1月1～2次 一年數回 專門品 有信用 可以學習快樂 | 社會的慾望 個性・卓越・ 新奇・流行・ ・文化・情報 中心的慾求 | 專用品 高級品 高額品 流行品 贈品 | 百貨公司大型店 有名專門店街、 流行街、 文化品街、 飲食街、 娛樂街等 的組成 | 最近店 10% 較遠店 60% 飲食店 30% | 從街區開始的 立體擴展 event | 個性・異色・新奇 新奇、刺激、 愛炫、流行、 注目等的刺激 及豐盛 | 公共設備、 共同招牌、 瓦斯燈、 紅磚步道、 停車場、 休憩所 | 主婦中心的 |

# 4：決定事業計畫

為了店舖的經營能成立，須把握「從什麼地區」、「什麼樣的人」來店購買的顧客型態和數量。又，須知道商圈內競爭店的狀況、補充條件及商業勢力的現狀，建立可對應顧客需求的計畫，而設定銷售目標額度及資金的目標額度，理解營業上的政策也很重要。

## (1) 商圈的範圍

為了設計店舖的商圈範圍，可以從商業選地的功能區分（收錄在P-167）來選出商業地的型，設定選地特性及商業功能的梗概。製做商圈圖（請參照商圈的範圍表），綜合地檢查店舖和商圈的內容，直接調查店舖所有通行客的方向及數量（請參照P-166，通行量調查表），把握來店顧客的層級才是實際的。

## 商圈的範圍

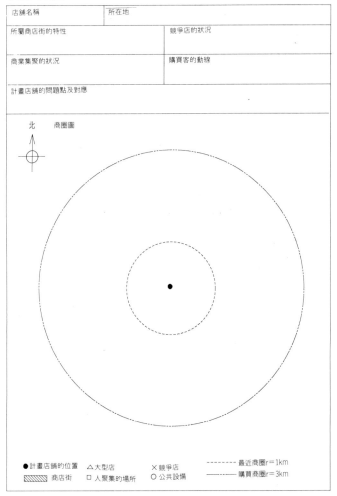

●計畫店舖的位置　△大型店　×競爭店　------- 最近商圈r＝1km
▨商店街　□人聚集的場所　○公共設備　—— 購買商圈r＝3km

以店舖的位置為中心，最近商圈半徑1km，購買商圈的半徑為3km，在其範圍內的圖上放上商店街、競爭店、大型店、其他及人聚集的場所，檢討其勢力分佈及顧客購物動線的方向。

## (2) 競爭店對策

在開店的商圈內會有商品組成相同的店及營業型態、規模競爭的店，對於競爭店，店舖佔有多少比例，是決定差別化、店舖設備印象的重要因素。首先，要先調查競爭店的內容，分析其營業狀況，再確立店舖的各種條件的優越性。（請參照競爭店的把握分表）

## 競爭店的把握

| 競爭店的把握 | | | 西元　年　月　日 |
|---|---|---|---|
| 競合店的名稱 | | 所在地 | 距離　　　m |
| 賣場面積　　m² | 從業員數　　人 | 年間銷售額度（推算）　萬圓 | 銷售額度／3.3m²　萬圓 |

| 重點部門 | 主力商品 | 賣價 | 特徵、評價 |
|---|---|---|---|
| | | | |
| | | | |
| | | | |
| | | | |
| | | | |
| | | | |

| 中心客層 | 店舖印象 | |
|---|---|---|
| 營業的形態 | 經營上的強度 | 弱點 |

對應政策
店舖規模
商品構成
商品價格
客的對應
店舖設計
販售演出
客層
附加價值
其他

商圈內的比例

$$\text{商圈內A店舖的比例} = \frac{\text{A店舖的面積}}{\text{商圈內競爭店的面積＋A店舖的面積}} \times 100$$

和自家店比　弱　同　強

為了把握競爭店內容的計畫(format)
調查賣場面積、銷售額度、從業員人數、商品組成等數值，或從政策上的特徵及傾向，找出強力的因素及弱點，檢討這些的店舖個性、差別化政策。

## (3) 設定顧客層級

從居民的調查（請參照P-165，生活者的調查表）來分析商圈範圍的顧客層級，從他們生活型態中的衣、住、閒暇生活中的關連來加入實際的顧客層級，找出其需求，反映店舖各種政策中的細目。特別是為了和競爭店有所區別，在創造店舖印象時，確實符合顧客的需求是很重要的。

### 設定顧客層級

為了導引商圈內的顧客層級，甚至於抓住店舖購買客的目標，在和顧問商量的階段中，要製做檢查表。把地區居民的生活型態（食、衣、住、休閒生活等）為縱軸，區分客層目的及世代層級超市，以此為橫軸，一面檢討其交叉部份的關連性，一面找出顧客的需求，甚至從店舖的商品計畫及販售計畫的關係來決定目標範圍。（上表是流行服飾店的例子，以和衣有關的生活為主體，一面檢討生活的TPO，一面來討並明確斜線部份的顧客層級的生活意識、行動、購買習慣等地區特性）。

而且，設定顧客層級的特徵生活型態及購買需求的對應之店舖的各種政策是顧主和店舖設計者共同認識的資料。

注：表中的顧客層級分類引用參考「概念商店的全部」三宅隆之著，商業社刊。

## (4) 設定商品的組成

商店的商品組合，基本上須配合顧客層級來設定，從商圈內競爭店的商品及賣價，在差別化方向中計畫商品。從商品採購到販售的過程，商品和店舖設計的關連是很密切的，商品和賣場陳列的階段、商品和陳列器具的關係，商品和保管、收藏的關係，甚至於這些和「顧客」之間的關係的綜合店舖管理等，有很多是很重要的。因此，在店舖設計者的業務當中，整理商品的知識，活用其特性的有效陳列方法和販售功能，須在店舖設計的階段中商量檢討，這是很重要的。

### ● 商品組成的順序

(1) 商品的部門結構

　　＊商品做組別、系列別分類。

(2) 決定各個商品

　　檢討商品的生命週期、品質、種類和購買價格。

　　販售商品、醒目商品、季節商品等的檢討。

　　＊發現新商品、努力創造。

(3) 決定商品的陳列量

　　＊檢討銷售量高的商品，流通快的商品，以尺寸別陳列的商品，依商品特性的陳列方法及陳列量。

(4) 決定商品販售量

　　＊檢討商品的價格，販售方法及商品的流通率。

(5) 決定商品的售價

　　＊和競爭店的售價比較。

　　＊檢討符合顧客層級的價格區。

　　＊檢討和買價的關連。

(6) test markting

　　＊計算商圈內可銷售多少商品。

　　(計算方法請參照P170的商圈內商品別預測販售額度的檢討)。

(7) 進行相對的相關檢查，決定商品組成。

　　＊檢討ABC分析（透過商品ABC分析檢討及參照P-170、171的ABC分析表。

●檢討商圈內的商品別的預測銷售額度

(1)製作商品的預測販售額度和組成比例表。（請參照商品組成及陳列方法表）

(2)店舖的商品預測銷售額度可以從下面的計算式求出。

注：商品別家計調查支出金額可參考總理府統計局的「家計調查報告」，當地購買率競爭店的店舖面積則可以參考都道府縣市町村發行的「商店街診斷報告書」。

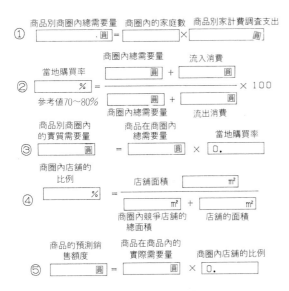

商品組成及陳列方法

西元　年　月　日

| 商品（部門） | 銷售額度 | 銷售額度組成比 | ABC級 | 商品（部門）特性 | 陳列販賣的方法 |
|---|---|---|---|---|---|
| | | | | | |
| | | | | | |
| | | | | | |
| | | | | | |
| | | | | | |
| | | | | | |
| | | | | | |
| | | | | | |
| | | | | | |
| | | | | | |
| | | | | | |
| | | | | | |
| | | | | | |
| | | | | | |
| | | | | | |
| | | | | | |
| | | | | | |
| 主力商品，時期主力商品cut商品的判定 | | | | 必要陳列器具的種別 | |

●分析檢討商品的ABC

商品可以分為主力商品（銷售良好的商品）、次期主力商品（想要賣的商品）、強調商品（高利益、看得見的商品），不只是販賣效率而已，能取得平衡的商品混合也很重要，商品的ABC分析是用在找出貢獻度高的重點部門的方法。

●ABC分析圖表（請參照P171ABC分析表）的製圖順序

(1)在商品銷售額度多的地方(1～21)畫上棒圖。

(2)依序點出銷售好的商品的累計點，連結後可得銷售累計圖。

(3)最後商品的累計圖(21)是商品總銷售額度，在銷售額度組成比100%線上。

(4)棒圖從0～100%間十等份，畫出組成比的線。

(5)70%線和銷售額累計曲線的交點範圍為A級，是銷售額度、利益最大的一組。

(6)在70%～90%和銷售累計曲線的交點範圍內的商品為B級，比A低，比C高的商品，或是新口品因促銷活動而提高銷售額度的商品。

(7)剩下的商品為C級，商品中也有有魅力或能發揮陳列效果的，要cut時須有適當的判斷力才行。

像這樣，各個商品能銷售多少，是利益高的商品或是有魅力的商品，或是季節性的必要商品，因上述之不同而有不同的商品特性，活用這些特性來選定商品，商品的特性和販賣方法、陳列方法、量等有密切關連，須在店舖設計的功能設計階段加以檢測。

●商品組成和陳列功能的重點

(1)檢討商品特性和陳列器具、陳列場所

(2)檢討商品特性和飾面效果

(3)檢討商品尺寸和店舖器具尺寸

(4)軟性器具的檢討及開發

(5)檢討商品和店舖器具的材料

(6)檢討商品陳列和材料

(7)檢討商品和照明效果

(8)其他，必須特殊陳列時的檢討

(5)設定銷售目標

在商品組成階段，要調和營業對象的顧客層級的商品，算出預測的銷售額度，為了為出包含股東紅利、內部保留、從業員犒賞、稅金等在內的利益目標的必要銷售率，須製作損益計算書（請參照P.172損益計算書）及供代料照表（請參照P.173借貸對照表），從預測銷售額度和經費來明確損益分歧點。而且，一面掌握實際的營業活動狀況，一面算出必要的銷售額度（用下圖的方

ABC分析

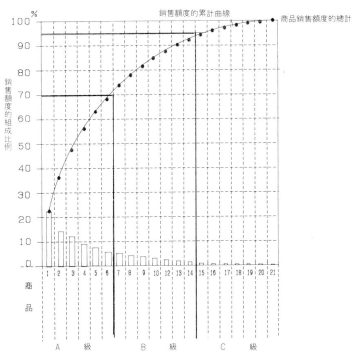

式）。在店舖經營的安定和發展上，必須檢討經營的平衡，可從經營平衡表1、2的計算式算出經營的收益性、安全性、成長性及生產性等的數值。和店舖設計有關的店舖設備的「降低原價」、「考慮店舖設備的省能源化」、「在店舖管理時考慮降低營業成本」等，在設計階段，必須由設計者和顧主檢討的重要課題。（請參考P-172的賣場削減要因圖）

---

Ⓐ 損益分歧點銷售額度 ＝ 固定費 ／ （1 − 變動費／銷售額度）

Ⓑ 還清來自利益的借入金額的必要銷售額度 ＝ （固定費 ＋ 償還金額／（1−稅率0.）） ／ （1−變動比率0.）

Ⓒ 必要的銷售額度 ＝ （固定費 ＋ 目標利益） ／ （1−變動比率0.）

Ⓓ 從折舊償還借入金額的必要銷售額度 ＝ （固定費 ＋ 償還金額／（1−稅率0.） − 折價費） ／ （1−變動比率0.）

Ⓔ 變動比例 ＿＿％ ＝ 變動費／銷售額度 ×100

Ⓕ 固定比例 ＿＿％ ＝ 固定資產／自己資本 ×100

Ⓖ 界限利益 ＿＿圓 ＝ 銷售額度 − （變動成本 ＋ 變動經費）

---

經營平衡－1　西元　年　月　日

| 店舖名稱 | 所在地 | | |
|---|---|---|---|
| 算出主要比例 | | 平均值 | 比較檢討 |
| 檢討收益性 1. 經營資本利益率 ＝ 經營利益／經營資本 ×100 | | | |
| 檢討收益性 2. 銷售額度總利益率 ＝ 總利益／銷售額度 ×100 | | | |
| 檢討成長性 3. 商品流通數 ＝ 銷售額度／商品庫存量 | | | |
| 檢討安全性 4. 流動比例 ＝ 流動資產／流動負債 ×100 | | | |
| 檢討安全性 5. 經營安全率 ＝ 損益分歧銷售額度／銷售額度 ×100 | | | |
| 6. 勞動分配率 ＝ 總人事費／銷售總利益 ×100 | | | |
| 問題點 | | | |
| 對策 | | | |

---

經營平衡－2　西元　年　月　日

| 店舖名稱 | 所在地 | | |
|---|---|---|---|
| 算出其他的比例 | | 平均值 | 比較檢討 |
| 檢討成長性 7. 賣場3.3m的銷售額度 ＝ 總銷售額度／賣場面積㎡ ×3.3 | | | |
| 檢討生產性 8. 一個從業員的營業利益 ＝ 營業利益／從業員人數 萬元／年 | | | |
| 檢討安全性 9. 自己資本比例 ＝ 自己資本／總資本 ×100 | | | |
| 檢討成長性 10. 銷售增加率 ＝ 當期銷售額度／前期銷售額度 ×100 | | | |
| 檢討安全性 11. 固定長期適合比例 ＝ 固定資產／（自己資本＋固定負債） ×100 | | | |
| 檢討收益性 12. 經營資本流通數 ＝ 銷售額度／經營資本 | | | |
| 問題點 | | | |
| 對策 | | | |

引用平野健著　經營分析之順利Sheet中經出版損益計算書

*171*

## 損益計算書

| 項　　目 | No. | |
|---|---|---|
| 總銷售額度：總銷售額度 | 34 | |
| 銷售降價額度 | 35 | |
| 退貨額度 | 36 | |
| 支付回程額度銷售 | 37 | |
| 純銷售：34-(35+36+37) | 38 | |
| 銷售原價：期首商品盤貨額度 | 39 | |
| 當期商品採購額度 | 40 | |
| 期末商品盤貨額度 | 41 | |
| 銷售總原價(39+40)-41 | 42 | ● |
| 領回額度 | 43 | |
| 計(38-42)+43 | 44 | |
| 販售費及管理費：販售費：販賣員薪水 | 45 | |
| 支付運費 | 46 | ● |
| 支付造價費、建造材料費 | 47 | ● |
| 支付保管料 | 48 | |
| 車輛燃料費 | 49 | |
| 車輛修理費 | 50 | |
| 消耗品費 | 51 | |
| 販賣員旅費、交通費 | 52 | |
| 通信費 | 53 | |
| 廣告宣傳費 | 54 | |
| 其他販賣費 | 55 | |
| 計(45+46…+55) | 56 | |
| 管理費：店員薪水、津貼 | 57 | |
| 事務員薪水津貼 | 58 | |
| 賄費 | 59 | |
| 福利費 | 60 | |
| 折價費 | 61 | |
| 交際接待費 | 62 | ● |
| 土地建物借貸料 | 63 | |
| 保險料 | 64 | |
| 修繕費 | 65 | |
| 水電瓦斯費 | 66 | |
| 支付利比例燃料 | 67 | |
| 租稅公課 | 68 | |
| 其他營業費 | 69 | |
| 計(57+58…+69) | 70 | |
| 合計(56+70) | 71 | |
| (44-71) | 72 | |
| 營業外收益及經費以：收取利息 | 73 | |
| 營業外收入 | 74 | |
| 營業外經費 | 75 | |
| 當期利益及法人稅等之前經常利益)(72+73+74)-75 | 76 | |

● 記號是波動成本波動費用

## 貸借對照表

| 項　　目 | No. | |
|---|---|---|
| 資產：流動資產：現金、活期存款 | 1 | |
| 其他存款 | 2 | |
| 收票據 | 3 | |
| 賒帳 | 4 | |
| 材料 | 5 | |
| 商品 | 6 | |
| 貯藏品 | 7 | |
| 其他流動資產 | 8 | |
| 計(1+2+3+4+5+6+7+8) | 9 | |
| 固定資產：土地、建築物 | 10 | |
| 設備資產 | 11 | |
| 建設假設算帳 | 12 | |
| 無形固定資產 | 13 | |
| 投資 | 14 | |
| 計(10+11+12+13+14) | 15 | |
| 延期算帳 | 16 | |
| 合計(9+15+16) | 17 | |
| 資本：流動負債：支付票據 | 18 | |
| 賒購款 | 19 | |
| 短期借入金 | 20 | |
| 其他流動負債 | 21 | |
| 計(18+19+20+21) | 22 | |
| 固定負債：長期借入金 | 23 | |
| 其他固定負債 | 24 | |
| 計(23+24) | 25 | |
| 自己資本：資金、出資金或原入金 | 26 | |
| 法定準備金 | 27 | |
| 剩餘金（當期利益除外） | 28 | |
| 當期利益扣法人稅等的經常利益 | 29 | |
| 計(26+27+28+29) | 30 | |
| 合計(22+25+30) | 31 | |
| 營業售利及益經營外資產合計（在此8,10,11,12,13,14,16和經常活動無關（經營外資產），請寫下合計總額。 | 32 | |
| 經常資本（資產）(17-32) | 33 | |

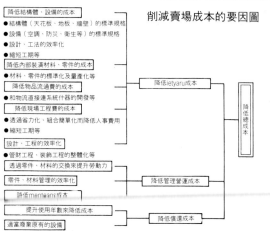

### 削減賣場成本的要因圖

- 降低結構體、設備的成本
  - ● 結構體（天花板、地板、牆壁）的標準規格
  - ● 設備（空調、防災、衛生等）的標準規格
  - ● 設計、工法的效率化
  - ● 縮短工期等
- 降低內部裝潢材料、零件的成本
  - ● 材料、零件的標準化及量產化等
- 降低物品流通的成本
  - ● 和物流直接連系什器的開發等
- 降低現場工程費的成本
  - ● 透過省力化、組合簡單化而降低人事費用
  - ● 縮短工期等
- 設計、工程的效率化
  - ● 管財工程、裝飾工程的整體化等
- 透過零件、材料的交換來提升勞動力
- 零件、材料管理的效率化
- 降低mente及ans成本
- 提升使用年數來降低成本
- 適當廢棄原有的設備

→ 降低ietyaru成本 }
→ 降低管理營運成本 }
→ 降低償還成本 }
⇒ 降低總成本

（財）根據店舖系統協會的資料製做

## (6)設定資金目標額度

開店需要資金、企畫設計的費用、取得營業場所的費用，營業費用。

取得營業場所的費用有：

(1)買土地、蓋店舖時

(2)訂租賃契約、取得店舖的空間時

(3)透過貨店舖的讓渡契約而取得營業權時，　　　因case不同而產生很大的差異。

因設備所需的費用有結構體、建築設備、室內裝潢的方法、什器及店舖的附帶設備等。

開店時的費用有採購商品、其他販售費用、店舖營運的一般管理費，都是營運成本所必須的。以及開店時的開幕費用等。

這些費用「要如何調度？」「是自己的資金？」「有沒有必要借入？」「比例如何？」「借錢的還債計畫如何？」等，要明示資金的來源，並檢討其條件。

投資目標的設定表是參考損益計算書、借貸對照表的內容試算出來的資金目標額度表。設定資金和調度的項目，並比較檢討其金額。

# 5：交換情報

為了和僱主有共識，從商業環境的調查、分析到決定是否開店都要和僱主商量。

僱主和店舖設計者互相交換經營方針、事業計畫的梗概及技術方面的情報、店舖設計的傾向意見，並檢討營業政策和店舖設備的有機功能。情報交換表是店舖設計者進行企畫設計業務時和僱主商量後的內容整理表。

### ● 收集資料和製做參考資料

當做和僱主商量店舖設備梗概的準備，必須製做店舖的業態傾向、地區特性、店舖設計傾向、施工成本的情報等資料。

## 決定投資目標額度

西元　年　月　日

| 店舖名稱 | | 計畫地的住址 TEL | | |
|---|---|---|---|---|
| 項　　目 | 資金來源 | 費用 | 特殊事項 | |
| 1. 取得場所所需費用 | | | | |
| A　土地費用 | | | | |
| B　登記、其他手續的費用 | | | | |
| C　稅金 | | | | |
| D　保證金 | | | | |
| E　押金 | | | | |
| F　禮金 | | | | |
| G　地租 | | | | |
| H　讓渡金（帶貨店舖） | | | | |
| I　租金 | | | | |
| J　管理費 | | | | |
| K　不動產手續費 | | | | |
| L　其他費用 | | | | |
| 　　合計 | | | | |
| 2. 建築及設備所需要的費用 | | | | |
| A　建築結構體工程費 | | | | |
| B　建築設備工程費 | | | | |
| C　店舖工程費 | | | | |
| D　店舖設備工程費 | | | | |
| E　店舖什器、傢俱費 | | | | |
| F　其他費用 | | | | |
| 　　合計 | | | | |
| 3. 營業上的費用 | | | | |
| A　銷售原價 | | | | |
| B　販賣費用 | | | | |
| C　一般管理費 | | | | |
| D　其他の費用 | | | | |
| 　　合計 | | | | |
| 4. 資金調度 | | | | |
| A　自己的資金 | | | | |
| B　借錢 | | | 借支利息納入一般管理費內 | |
| C　其他 | | | | |
| 　　合計 | | | | |
| 　　總計 | | | | |

必要投資額度 ⬚

## 交換情報

完成日　年　月　日

| 店舖名稱 | 所在地 | TEL |
|---|---|---|

| 經營方針 | 營業方針 |
|---|---|

| 商品的概要 | 設定客層 |
|---|---|

| 競爭家的策略 | 設施的印象 |
|---|---|

| 設計的投資預算額 日圓 | 予想売上高 予想賣上高　日圓 | 從業員數 名 | 打工 名 | 合計 名 |
|---|---|---|---|---|
| 店舖面積 m² | 店舖什器的概要 | 其他、僱主的希望事項 | | |

必要設備的詳細內容

| 室名 | 面積 m² |
|---|---|
| | |
| | |
| | |
| | |

設計的概要

| 確認出席者 | 附帶書類等 |
|---|---|

過程2：綜合企畫

收集過程1的資料後，創造出具體印象的就是綜合企畫的業務。

```
6：企畫業務・印象計畫
  ●提出企畫圖書的細目
7：商量確認設備的概要
```

# 6：企畫業務・印象計畫

商量店舖經營的基本構想和設備設計之後，就可以決定開店，將經營計畫具體化，並檢討商業選地的對應、販售管理、商品政策、勞務管理、財務、事務管理及店舖設備管理的綜合功能。店舖設計者的企畫業務是創造店舖設計的印象，設計各種政策的有效店舖功能。

其主要的業務及內容如下所述：

(1)對顧客明示業態，業種的印象。

(2)檢討店舖概念和設備印象。

(3)明確設備的設計概念。

(4)店舖必要功能空間的配置和賣場的組成。

(5)製做情報sing（命令、標識、色彩）。

(6)概略設計店舖的陳列、收藏功能。

(7)檢討設備的工程預算及工程期間的梗概。

(8)調查相關法規和事前商量。

(9)所有設備的陳列及調整。

(10)其他，必要的業務。

向僱主提出具體的企畫書，並取得承諾。事例是P.12的設計案例，顯示的方法及案例，參考P91及其他。

這是下面程序3的基本設計資料。

● 提出企畫圖書的細目

(1)封面

(2)商業條件的梗概

(3)設計的梗概說明書

檢討適合顧客需求的設備設計，商品政策及設備設計的有效性，和競爭店設計面的差別之後明確店舖設備的設計材料及色彩、空間組成及陳列的方向性。

(4)設備的視覺表現

　　透視、模型、店舖器具的草圖等。

(5)計畫平面圖

(6)天花板附圖，照明配置圖

(7)各種設備的概要說明書

(8)工程費用的概算書

（參照P12設計案例，P-91顯示的方法和案例及其他）

# 7：商量確認設備的概要

僱主和店舖設計者雙方要商量已提出的企畫書內容，檢討和營業政策有關的係數。

(1)「給誰？」……已設定的顧客層級

(2)「做什麼用？」……需求商品、服務及附加價值

(3)「什麼時候？」……販售及採購時期，周期

(4)「在何處？」……在店舖

(5)「多少？」……販售數目及採購的平衡

(6)「用多少價格？」……商品價格、顧客單價、採購成本

(7)「如何提供(販售)？」……販售、陳列方法、從業員的對應、店內陳列、促進販售。

檢查這些基本政策、店舖設備的設計及功能，產生變化的加以修正，得到僱主的承認後進入程序3：基本設計。

程序3：基本設計

把印象圖面化就是基本設計，在這個階段製做，從建築到設備的所有設計圖。同時，向相關官廳提出申請。

```
8：基本設計業務
  (1)提出基本設計圖的細目
  (2)向相關官廳提出申請
9：商量確認設備設計
```

# 8：基本設計業務

在企畫階段要決定店舖設備的梗概，根據它來設計外部裝潢和訴求效果的關係，導入顧客效果、商品關係、商品和陳列、收藏和什器的關係及空間組合等功能。

同時，選擇材料、調節色彩、創造印象的照明，有效的設計或設計店舖的必要設備。特別是在基本設計的階段，往後若有大幅度變更設計時，須謹慎商量，在決定設計的內容。

其主要的基本設計內容如下：

(1)修正，決定企畫平面圖的內容變更部份。

(2)決定外溝、造圖、附帶設備等內容。

(3)店舖的外部裝潢設計，sign設計等的空間設計。

(4)導入部，通路的功能設計。

(5)「人」和「商品」及店舖空間的係數設計。

(6)商品和壁面陳列的功能設計。

(7)店舖器具的設計和功能設計。

(8)必要設備的功能設計

(9)決定店舖的使用材料

(10)決定色彩

(11)後方部門的功能設計

(12)其他，等等

把這些內容做成實際的基本設計圖，和僱主商量後得其承認。提出的設計圖表如下：

## (1)提出基本設計圖的細目

(1)封面

(2)基本設計圖表

(3)店舖的視覺表現（透視、模型等）

(4)完成表

(5)配置圖

(6)計畫平面圖

(7)地板附圖

(8)區畫圖

(9)天花板附圖

(10)廚房器具配置圖（飲食店）

(11)廚房器具表（飲食店）

(12)廚房器具形象圖（飲食店）

(13)外部裝潢立面圖

(14)斷面圖

(15)店內各面展開圖

(16)照明器具配置圖、回路圖

(17)照明器具表

(18)照明器具圖

(19)插座配置圖

(20)弱店關係設備圖

(21)空調、換氣設備圖

(22)給排水、瓦斯設備圖

(23)防災關係設備圖

## (2)向相關官廳提出申請

經營店舖時須根據業種來申請營業許可。特別是飲食店、理髮店、理容室、藥局或食品製造販售店等，因受法律限制，希望能事先和相關官廳商量。關於工程的相關許可申請，相關官廳很多，必須先調查設計圖的範圍和規定。整理出申請類別和申請者的關係表，請參考。

（請參照店舖關係的申請表）

# 9：商量確認設備設計 確認設備是否準備好

向僱主提出基本設計圖的同時，也要檢查經營者的各種政策和店舖設計的內容是否為有效的功能及基本設計圖，僱主和店舖設計者要有共識，以便決定基本設計圖的內容。特別是分別訂購建築設計和店舖設計時，在這個基本設計的階段，必須商量建築結構體和完成的範圍，和建築設備和店舖設備有關的，要注意不要產生店舖設備的容許量和法律限制問題。

店舖關係的申請，提出一覽表

| 文件名稱 ＼ 提出處 | 事前商量 | 市町村公所 | 警察署 | 消防署 | 保健所 | 帶動基準監督署 | 水道局 | 下水道局 | 電力公司 | 瓦斯公司 | 電話公司 | 其它 |
|---|---|---|---|---|---|---|---|---|---|---|---|---|
| 建築確認申請 | ○ | ○ | | | | | | | | | | |
| 工程開工、完工 | ○ | ○ | | | | | | | | | | |
| 工程完工時 | ○ | ○ | | | | | | | | | | |
| 飲食店營業許可申請 | ○ | | | | ○ | | | | | | | |
| 食品營業許可申請 | ○ | | | | ○ | | | | | | | |
| 風俗營業許可申請 | ○ | | | | ○ | | | | | | | |
| 開設藥局之許可申請 | ○ | | | | ○ | | | | | | | |
| 美容店開設申請 | ○ | | | | ○ | | | | | | | |
| 理容店開設申請 | ○ | | | | ○ | | | | | | | |
| 洗衣店開設申請 | ○ | | | | ○ | | | | | | | |
| 水道工程申請書 | ○ | | | | | | ○ | | | | | |
| 給水申請書 | ○ | | | | | | ○ | | | | | |
| 排水設備確認申請書 | ○ | | | | | | | ○ | | | | |
| 屎尿淨化槽設置申請書 | ○ | | | | | | | ○ | | | | |
| 消防設備的開工申請書 | ○ | | | ○ | | | | | | | | |
| 消防設備的設置申請書 | ○ | | | ○ | | | | | | | | |
| 防火管理者選任申請書 | ○ | | | ○ | | | | | | | | |
| 用火設備等的設置申請書 | ○ | | | ○ | | | | | | | | |
| 危險物儲藏處理申請書 | | | | ○ | | | | | | | | |
| 電氣設備設置申請書 | | | | ○ | | | | | | | | |
| 電燈工程申請書 | | | | | | | | | | | | |
| 電力工程申請書 | | | | | | | | | | | | |
| 道路使用許可申請 | | ○ | ○ | | | | | | | | | |
| 道路佔用許可申請 | | ○ | ○ | | | | | | | | | |
| 道路掘削申請 | | ○ | ○ | | | | | | | | | |
| 工作物確認申請書 | | ○ | ○ | | | | | | | | | |
| 電梯設置認可申請 | | | | | | ○ | | | | | | |
| 同上設置報告書 | | | | | | ○ | | | | | | |
| 瓦斯工程申請書 | | | | | | | | | | ○ | | |
| 電話加入申請書 | | | | | | | | | | | ○ | |
| 假設電話申請書 | | | | | | | | | | | ○ | |
| 假設電氣申請書 | | | | | | | | | ○ | | | |
| | | | | | | | | | | | | |
| | | | | | | | | | | | | |
| | | | | | | | | | | | | |
| | | | | | | | | | | | | |
| | | | | | | | | | | | | |
| | | | | | | | | | | | | |

程序4：實施設計

在基本設計下，工程業者為了實施估價，工程契約及工程而製做的設計圖就是實施設計。

> 10：實施設計業物
> ●提出實施設計計畫書的細目
> 11：商量確認細部

## 10：實施設計業物

決定實施設計就可以完成店舖計畫書圖，根據設計圖就可以進行工程。下一個階段就是僱主選定工程業者，締結工程契約。

店舖設計者可在僱主的要求下，協助選定工程業者，說明設計圖，以後就做設計監督管理的業務。

●提出實施設計圖的細目

(1)封面

(2)設計圖表

(3)設計的概要書

(4)設備的視覺表現（透視、模型等）

(5)完成表

(6)配置圖

(7)計畫平面圖

(8)地板附圖

(9)區畫圖

(10)天花板附圖

(11)廚房器具配置圖（飲食店）

(12)廚房器具表（飲食店）

(13)廚房器具圖

(14)外部裝潢立面圖

(15)斷面圖

(16)店內各面展開圖

(17)各部的詳細圖

(18)拉門、傢俱、什器類的詳細圖

(19)照明器具配置圖、回路圖

(20)照明器具表

(21)照明器具圖

(22)插座配線圖

(23)弱電關係設備圖

(24)空調、換氣設備圖

(25)給排水、瓦斯設備圖

(26)防災關係設備圖

（案例請參照P-8店舖的設計圖）

## 11：商量確認細部

向僱主提出實施設計圖的同時，一面探討內容和營業政策、店舖管理的關係，一面檢討不方便的點，最後完成店舖設備的計畫設計圖。

（案例請參照P-8的店舖計畫設計圖及P-10～83的設計案例）

程序5：設計的監督管理

店舖的設計監督管理是已完成的店舖設計圖的責任和監督管理，僱主選定施工業者，對施工業者說明設計圖、工程契約的檢查、工程檢查的出席檢查等，以進行僱主和施工業者間的調整及助言的業務為中心。

```
12：設計監督管理業務
13：選定、決定工程業者
14：估計及估價
15：工程契約
16：開始工程
17：工程結束
18：相關官廳的檢查
19：工程的讓渡
20：開店準備和設備的連動檢查
21：開店
```

# 12： 設計監督管理業務

設計監督管理的主要業務如下：

(1)選定施工業者的建言

(2)關於工程契約的協助

(3)工程估算的設計圖說明

(4)工程估價書的內容檢查

(5)對工程計畫書、工程的建言

(6)檢討工作圖、模型、材料樣本

(7)工程進行中和工程管理者的協商、調整

(8)出席相關官廳的檢查

(9)工程的變更和追加工程的調整

(10)參與工程結束後的檢查

(11)關於開店後的mentenans的調整和建言

(12)其他，工程中必要時的調整和建言

# 13： 選定工程業者

選擇工程業者時，企業的社會信用度、工程實績都是重要的因素，在受限的工程預算中，如何照設計圖施工，就要根據業者提出的良心的工程估價來判斷。

選擇業者的方法有僱主僱用能信賴的業者，用投標方式從多數工程業者中看估價單是最適當的，做適當的判斷後再選擇業者。不管是哪一種，店舖設計者為了讓工程業者估算，必須公平地說明必要的設計圖。

# 14： 估價

一般而言，工程分類可分為種類別（請參照p-178工程別估價區分）和部位別（請參照p178部位別估價區分表）。不管是哪一種，估價的區分項目或工程區分的內容、範圍各不同，很難比較工程的金額和適當的判斷，所以要從設計圖的內容來決定工程類別、統一估價和工程的內容。估價內容和工程內容的關連是容易理解的，僱主檢討工程業者的估價書時也很容易了解。有的僱主會要求店舖設計者對工程估價和工程區分建言，所以必須深入理解估算的要領和估價的技術。

# 15：工程契約

工程契約要明訂估價單的變更內容，用決定金額來訂約，決定支付條件、工程範圍、工期、選任工程管理者，及其他的必要決定，為了不在工程中產生問題，僱主和工程業者會要求店舖設計者與會，必須考慮相關的調整。

# 16： 開始工程

實際進行工程時，店舖設計者沒有具體的業務，關於工程進行時所衍生的問題，工程上收頭的變更，須和工程管理者商量。

# 17： 工程結束

有的人將工程中發生的變更事項、追加工程，當做既定工程期間結束後的後工程處理，工程結束時，為了不讓相關官廳的檢查有妨礙，要由僱主、店舖設計者和工程業者共同出席，進行綜合檢查。

# 18：相關官廳的檢查

因業種不同，向相關官廳提出的申請內容和範圍也不同，工程結束後，須接受消防署和保健所的出席檢查，不完備的部份須修改工程，再接受檢查。

# 19： 交還工程

通過相關官廳的檢查，變更工程、追加工程也結束後，工程業者可根據契約將工程交給僱主。店舖設計者可考慮變更工程、追加工程來製做完工設計圖，向僱主提出。

工程別估價區分

| 估價項目 | 細目 | 數量 | 單價 | 金額 |
|---|---|---|---|---|
| 01假設工程 | | | | |
| 02解體撤除工程 | | | | |
| 03外部結構、造園工程 | | | | |
| 04鐵骨工程 | | | | |
| 05鋼筋混凝土工程 | | | | |
| 06砌合工程 | | | | |
| 07防水工程 | | | | |
| 08石頭工程 | | | | |
| 09噴漆工程 | | | | |
| 10泥水工程 | | | | |
| 11木工程 | | | | |
| 12屋頂工程 | | | | |
| 13金屬工程 | | | | |
| 14拉門工程 | | | | |
| 15玻璃、樹脂工程 | | | | |
| 16sign工程 | | | | |
| 17磁磚工程 | | | | |
| 18內部裝潢工程 | | | | |
| 19經師工程 | | | | |
| 20塗裝工程 | | | | |
| 21傢俱、什器工程 | | | | |
| 22裝飾工程 | | | | |
| 23陳列器具工程 | | | | |
| 24電氣設備工程 | | | | |
| 25照明器具工程 | | | | |
| 26給排水衛生設備工程 | | | | |
| 27廚房器具工程 | | | | |
| 28瓦斯設備工程 | | | | |
| 29空調、換氣設備工程 | | | | |
| 30防災設備工程 | | | | |
| 31通信、音響設備工程 | | | | |
| 33運送設備工程 | | | | |
| 34其他工程 | | | | |
| 35搬運費用 | | | | |
| 36施工圖費用 | | | | |
| 37交通住宿費用 | | | | |
| 38各種經費 | | | | |
| 39共益費、課稅金等 | | | | |
| 40消費稅 | | | | |
| 41工程保險費 | | | | |

部位別估價區分

| 估價項目 | 細目 | 數量 | 單價 | 金額 |
|---|---|---|---|---|
| 01假設工程 | | | | |
| 02解體撤除工程 | | | | |
| 03外部結構、造園工程 | | | | |
| 04鐵骨工程 | | | | |
| 05鋼筋混凝土工程 | | | | |
| 06砌合工程 | | | | |
| 07外部裝潢工程 | | | | |
| 07-1屋頂工程 | | | | |
| 07-2外壁工程 | | | | |
| 07-3開口部工程 | | | | |
| 07-4外部地板工程 | | | | |
| 07-5外部天花皮工程 | | | | |
| 07-6其他、雜工程 | | | | |
| 08內部裝潢工程 | | | | |
| 08-1地板工程 | | | | |
| 08-2壁面工程 | | | | |
| 08-3柱型工程 | | | | |
| 08-4隔間工程 | | | | |
| 08-5內部問口部工程 | | | | |
| 08-6天花板工程 | | | | |
| 08-7內部裝潢雜工程 | | | | |
| 09 sign工程 | | | | |
| 10傢俱、什器工程 | | | | |
| 11陳列器具工程 | | | | |
| 12電氣設備工程 | | | | |
| 13照明器具工程 | | | | |
| 14給排水衛生設備工程 | | | | |
| 15廚房器具工程 | | | | |
| 16瓦斯設備工程 | | | | |
| 17空調、換氣設備工程 | | | | |
| 18防災設備工程 | | | | |
| 19通信、音響設備工程 | | | | |
| 20搬送設備工程 | | | | |
| 21其他工程 | | | | |
| 22搬運費用 | | | | |
| 23施工圖費用 | | | | |
| 24交通住宿費用 | | | | |
| 25各種經費 | | | | |
| 26共益費、課稅金等 | | | | |
| 27消費稅 | | | | |
| 28工程保險費 | | | | |

## 20：開店準備和設備的連動檢查

工程結束後要做開店的準備。促銷活動可從決定開店日後開始，從業員的訓練、設備機器的試運轉、設備項目的準備等，可以在相關官廳檢查後，開店日前進行。

## 21：開店

店舖設計和店舖工程結束後就開始店舖經營，店舖功能和設備功能也在開店後才顯現出來。因此，店舖設計者必須考慮開店後的諮商，工程業者也要留意設備的mentenans。

## ● 出租公寓的工程區分

出租店的工程一般可以分為A、B、C（或甲、乙、丙），從A、B、C的分類來看，表示在商業大廈中的工程費用區分內容，和出租有直接關係的是B工程和C工程。

B工程：是把建築的基本工程（A工程）內容依出租的營業政策、店舖設計而變更時工程範圍。建築、建築設備的設計變更費用和設備工程的移設、增設的相關費用負擔都和出租有關。一般而言，實際的工程都由建築相關工程的B工程指定業者來進行。

C工程：B工程以後的出租工程由出租的指定舖設計者和工程業者進行，在設計業務和工程的範圍內。（請參照商業大廈的出租工程費用區分表）

商業設備計畫的內部裝潢概括和開店者的關連性

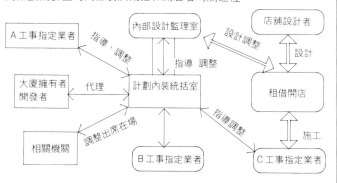

商業大廈的出租工程費用區分

| 工程區分 | 費　用　區　分 |
|---|---|
|  | 由大廈擁有來負擔施工設計 |
| A　工　程 | 由出租者負擔費用，大廈擁有者來做施工設計。 |
| B　工　程 | 出租者負擔費用，進行施工設計 |
| C　工　程 | 工程費用外的出租工程，包括出租全體的費用負 |
| 其　　他 | 擔或工程階段的出租工程的工程調整、材料的搬入、搬出的相關調整所需的協助金負擔。 |

內部裝潢工程的行程檢查

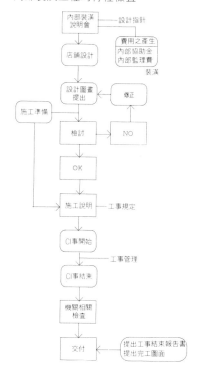

B工程、C工程和內部裝潢統括管理室的行程相關圖

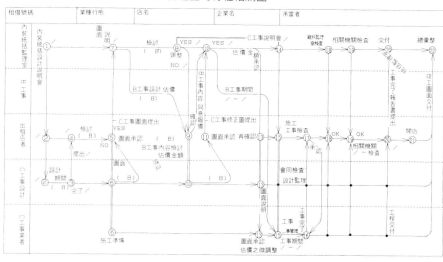

# 北星信譽推薦・必備教學好書

日本美術學員的最佳教材

INTRODUCTION TO PENCIL TECHNIQUES
鉛筆畫技法

INTRODUCTION TO PASTEL DRAWING
粉彩筆畫技法

INTRODUCTION TO DRAWING WITH PEN & COLOR INK
沾水筆・彩色墨水技法

INTRODUCTION TO BOTANICAL ART TECHNIQUES
野外寫生技法

INTRODUCTION TO EXPRESSING TEXTURES IN OIL PAINTING
油畫質感表現技法

定價／350元　　定價／450元　　定價／450元　　定價／400元　　定價／450元

循序漸進的藝術學園；美術繪畫叢書

實用繪畫範本

粉彩畫技法

油畫基礎畫法

水彩技法圖解

定價／450元　　定價／450元　　定價／450元　　定價／450元

最佳工具書

・本書內容有標準大綱編字、基礎素
描構成、作品參考等三大類；並可
銜接平面設計課程，是從事美術、
設計類科學生最佳的工具書。
編著／葉田園　　定價／350元

# 精緻手繪POP叢書目錄

## 精緻手繪POP廣告
精緻手繪POP業書①
簡仁吉 編著
● 專為初學者設計之基礎書
● 定價400元

## 精緻手繪POP
精緻手繪POP叢書②
簡仁吉 編著
● 製作POP的最佳參考，提供精緻的海報製作範例
● 定價400元

## 精緻手繪POP字體
精緻手繪POP叢書③
簡仁吉 編著
● 最佳POP字體的工具書，讓您的POP字體呈多樣化
● 定價400元

## 精緻手繪POP海報
精緻手繪POP叢書④
簡仁吉 編著
● 實例示範多種技巧的校園海報及商業海定
● 定價400元

## 精緻手繪POP展示
精緻手繪POP叢書⑤
簡仁吉 編著
● 各種賣場POP企劃及實景佈置
● 定價400元

## 精緻手繪POP應用
精緻手繪POP叢書⑥
簡仁吉 編著
● 介紹各種場合POP的實際應用
● 定價400元

## 精緻手繪POP變體字
精緻手繪POP叢書⑦
簡仁吉・簡志哲編著
● 實例示範POP變體字，實用的工具書
● 定價400元

## 精緻創意POP字體
精緻手繪POP叢書⑧
簡仁吉・簡志哲編著
● 多種技巧的創意POP字體實例示範
● 定價400元

## 精緻創意POP插圖
精緻手繪POP叢書⑨
簡仁吉・吳銘書編著
● 各種技法綜合運用、必備的工具書
● 定價400元

## 精緻手繪POP節慶篇
精緻手繪POP叢書⑩
簡仁吉・林東海編著
● 各季節之節慶海報實際範例及賣場規劃
● 定價400元

## 精緻手繪POP個性字
精緻手繪POP叢書⑪
簡仁吉・張麗琦編著
● 個性字書寫技法解說及實例示範
● 定價400元

## 精緻手繪POP校園篇
精緻手繪POP叢書⑫
林東海・張麗琦編著
● 改變學校形象，建立校園特色的最佳範本
● 定價400元

# 新形象出版圖書目錄

郵撥：0510716-5　陳偉賢　TEL:9207133・9278446　FAX:9290713　地址：北縣中和市中和路322號8F之1

## 一、美術設計

| 代碼 | 書名 | 編著者 | 定價 |
|---|---|---|---|
| 1-01 | 新插畫百科(上) | 新形象 | 400 |
| 1-02 | 新插畫百科(下) | 新形象 | 400 |
| 1-03 | 平面海報設計專集 | 新形象 | 400 |
| 1-05 | 藝術・設計的平面構成 | 新形象 | 380 |
| 1-06 | 世界名家插畫專集 | 新形象 | 600 |
| 1-07 | 包裝結構設計 | | 400 |
| 1-08 | 現代商品包裝設計 | 鄧成連 | 400 |
| 1-09 | 世界名家兒童插畫專集 | 新形象 | 650 |
| 1-10 | 商業美術設計(平面應用篇) | 陳孝銘 | 450 |
| 1-11 | 廣告視覺媒體設計 | 謝蘭芬 | 400 |
| 1-15 | 應用美術・設計 | 新形象 | 400 |
| 1-16 | 插畫藝術設計 | 新形象 | 400 |
| 1-18 | 基礎造形 | 陳寬祐 | 400 |
| 1-19 | 產品與工業設計(1) | 吳志誠 | 600 |
| 1-20 | 產品與工業設計(2) | 吳志誠 | 600 |
| 1-21 | 商業電腦繪圖設計 | 吳志誠 | 500 |
| 1-22 | 商標造形創作 | 新形象 | 350 |
| 1-23 | 插圖彙編(事物篇) | 新形象 | 380 |
| 1-24 | 插圖彙編(交通工具篇) | 新形象 | 380 |
| 1-25 | 插圖彙編(人物篇) | 新形象 | 380 |
| | | | |
| | | | |

## 二、POP廣告設計

| 代碼 | 書名 | 編著者 | 定價 |
|---|---|---|---|
| 2-01 | 精緻手繪POP廣告1 | 簡仁吉等 | 400 |
| 2-02 | 精緻手繪POP2 | 簡仁吉 | 400 |
| 2-03 | 精緻手繪POP字體3 | 簡仁吉 | 400 |
| 2-04 | 精緻手繪POP海報4 | 簡仁吉 | 400 |
| 2-05 | 精緻手繪POP展示5 | 簡仁吉 | 400 |
| 2-06 | 精緻手繪POP應用6 | 簡仁吉 | 400 |
| 2-07 | 精緻手繪POP變體字7 | 簡志哲等 | 400 |
| 2-08 | 精緻創意POP字體8 | 張麗琦等 | 400 |
| 2-09 | 精緻創意POP插圖9 | 吳銘書等 | 400 |
| 2-10 | 精緻手繪POP畫典10 | 葉辰智等 | 400 |
| 2-11 | 精緻手繪POP個性字11 | 張麗琦等 | 400 |
| 2-12 | 精緻手繪POP校園篇12 | 林東海等 | 400 |
| 2-16 | 手繪POP的理論與實務 | 劉中興等 | 400 |
| | | | |
| | | | |

## 三、圖學、美術史

| 代碼 | 書名 | 編著者 | 定價 |
|---|---|---|---|
| 4-01 | 綜合圖學 | 王鍊登 | 250 |
| 4-02 | 製圖與議圖 | 李寬和 | 280 |
| 4-03 | 簡新透視圖學 | 廖有燦 | 300 |
| 4-04 | 基本透視實務技法 | 山城義彥 | 300 |
| 4-05 | 世界名家透視圖全集 | 新形象 | 600 |
| 4-06 | 西洋美術史(彩色版) | 新形象 | 300 |
| 4-07 | 名家的藝術思想 | 新形象 | 400 |
| | | | |

## 四、色彩配色

| 代碼 | 書名 | 編著者 | 定價 |
|---|---|---|---|
| 5-01 | 色彩計劃 | 賴一輝 | 350 |
| 5-02 | 色彩與配色(附原版色票) | 新形象 | 750 |
| 5-03 | 色彩與配色(彩色普級版) | 新形象 | 300 |
| | | | |
| | | | |

## 五、室內設計

| 代碼 | 書名 | 編著者 | 定價 |
|---|---|---|---|
| 3-01 | 室內設計用語彙編 | 周重彥 | 200 |
| 3-02 | 商店設計 | 郭敏俊 | 480 |
| 3-03 | 名家室內設計作品專集 | 新形象 | 600 |
| 3-04 | 室內設計製圖實務與圖例(精) | 彭維冠 | 650 |
| 3-05 | 室內設計製圖 | 宋玉眞 | 400 |
| 3-06 | 室內設計基本製圖 | 陳德貴 | 350 |
| 3-07 | 美國最新室內透視圖表現法1 | 羅啓敏 | 500 |
| 3-13 | 精緻室內設計 | 新形象 | 800 |
| 3-14 | 室內設計製圖實務(平) | 彭維冠 | 450 |
| 3-15 | 商店透視-麥克筆技法 | 小掠勇記夫 | 500 |
| 3-16 | 室內外空間透視表現法 | 許正孝 | 480 |
| 3-17 | 現代室內設計全集 | 新形象 | 400 |
| 3-18 | 室內設計配色手册 | 新形象 | 350 |
| 3-19 | 商店與餐廳室內透視 | 新形象 | 600 |
| 3-20 | 櫥窗設計與空間處理 | 新形象 | 1200 |
| 8-21 | 休閒俱樂部・酒吧與舞台設計 | 新形象 | 1200 |
| 3-22 | 室內空間設計 | 新形象 | 500 |
| 3-23 | 櫥窗設計與空間處理(平) | 新形象 | 450 |
| 3-24 | 博物館&休閒公園展示設計 | 新形象 | 800 |
| 3-25 | 個性化室內設計精華 | 新形象 | 500 |
| 3-26 | 室內設計&空間運用 | 新形象 | 1000 |
| 3-27 | 萬國博覽會&展示會 | 新形象 | 1200 |
| 3-28 | 中西傢俱的淵源和探討 | 謝蘭芬 | 300 |
| | | | |
| | | | |

## 六、SP行銷・企業識別設計

| 代碼 | 書名 | 編著者 | 定價 |
|---|---|---|---|
| 6-01 | 企業識別設計 | 東海・麗琦 | 450 |
| 6-02 | 商業名片設計(一) | 林東海等 | 450 |
| 6-03 | 商業名片設計(二) | 張麗琦等 | 450 |
| 6-04 | 名家創意系列①識別設計 | 新形象 | 1200 |

## 七、造園景觀

| 代碼 | 書名 | 編著者 | 定價 |
|---|---|---|---|
| 7-01 | 造園景觀設計 | 新形象 | 1200 |
| 7-02 | 現代都市街道景觀設計 | 新形象 | 1200 |
| 7-03 | 都市水景設計之要素與概念 | 新形象 | 1200 |
| 7-04 | 都市造景設計原理及整體概念 | 新形象 | 1200 |
| 7-05 | 最新歐洲建築設計 | 石金城 | 1500 |

## 八、廣告設計、企劃

| 代碼 | 書名 | 編著者 | 定價 |
|---|---|---|---|
| 9-02 | CI與展示 | 吳江山 | 400 |
| 9-04 | 商標與CI | 新形象 | 400 |
| 9-05 | CI視覺設計(信封名片設計) | 李天來 | 400 |
| 9-06 | CI視覺設計(DM廣告型錄)(1) | 李天來 | 450 |
| 9-07 | CI視覺設計(包裝點線面)(1) | 李天來 | 450 |
| 9-08 | CI視覺設計(DM廣告型錄)(2) | 李天來 | 450 |
| 9-09 | CI視覺設計(企業名片吊卡廣告) | 李天來 | 450 |
| 9-10 | CI視覺設計(月曆PR設計) | 李天來 | 450 |
| 9-11 | 美工設計完稿技法 | 新形象 | 450 |
| 9-12 | 商業廣告印刷設計 | 陳穎彬 | 450 |
| 9-13 | 包裝設計點線面 | 新形象 | 450 |
| 9-14 | 平面廣告設計與編排 | 新形象 | 450 |
| 9-15 | CI戰略實務 | 陳木村 | |
| 9-16 | 被遺忘的心形象 | 陳木村 | 150 |
| 9-17 | CI經營實務 | 陳木村 | 280 |
| 9-18 | 綜觀形象100序 | 陳木村 | |

## 九、繪畫技法

| 代碼 | 書名 | 編著者 | 定價 |
|---|---|---|---|
| 8-01 | 基礎石膏素描 | 陳嘉仁 | 380 |
| 8-02 | 石膏素描技法專集 | 新形象 | 450 |
| 8-03 | 繪畫思想與造型理論 | 朴先圭 | 350 |
| 8-04 | 魏斯水彩畫專集 | 新形象 | 650 |
| 8-05 | 水彩靜物圖解 | 林振洋 | 380 |
| 8-06 | 油彩畫技法1 | 新形象 | 450 |
| 8-07 | 人物靜物的畫法2 | 新形象 | 450 |
| 8-08 | 風景表現技法3 | 新形象 | 450 |
| 8-09 | 石膏素描表現技法4 | 新形象 | 450 |
| 8-10 | 水彩・粉彩表現技法5 | 新形象 | 450 |
| 8-11 | 描繪技法6 | 葉田園 | 350 |
| 8-12 | 粉彩表現技法7 | 新形象 | 400 |
| 8-13 | 繪畫表現技法8 | 新形象 | 500 |
| 8-14 | 色鉛筆描繪技法9 | 新形象 | 400 |
| 8-15 | 油畫配色精要10 | 新形象 | 400 |
| 8-16 | 鉛筆技法11 | 新形象 | 350 |
| 8-17 | 基礎油畫12 | 新形象 | 450 |
| 8-18 | 世界名家水彩(1) | 新形象 | 650 |
| 8-19 | 世界水彩作品專集(2) | 新形象 | 650 |
| 8-20 | 名家水彩作品專集(3) | 新形象 | 650 |
| 8-21 | 世界名家水彩作品專集(4) | 新形象 | 650 |
| 8-22 | 世界名家水彩作品專集(5) | 新形象 | 650 |
| 8-23 | 壓克力畫技法 | 楊恩生 | 400 |
| 8-24 | 不透明水彩技法 | 楊恩生 | 400 |
| 8-25 | 新素描技法解說 | 新形象 | 350 |
| 8-26 | 畫鳥・話鳥 | 新形象 | 450 |
| 8-27 | 噴畫技法 | 新形象 | 550 |
| 8-28 | 藝用解剖學 | 新形象 | 350 |
| 8-30 | 彩色墨水畫技法 | 劉興治 | 400 |
| 8-31 | 中國畫技法 | 陳永浩 | 450 |
| 8-32 | 千嬌百態 | 新形象 | 450 |
| 8-33 | 世界名家油畫專集 | 新形象 | 650 |
| 8-34 | 插畫技法 | 劉芷芸等 | 450 |
| 8-35 | 實用繪畫範本 | 新形象 | 400 |
| 8-36 | 粉彩技法 | 新形象 | 400 |
| 8-37 | 油畫基礎畫 | 新形象 | 400 |

## 十、建築、房地產

| 代碼 | 書名 | 編著者 | 定價 |
|---|---|---|---|
| 10-06 | 美國房地產買賣投資 | 解時村 | 220 |
| 10-16 | 建築設計的表現 | 新形象 | 500 |
| 10-20 | 寫實建築表現技法 | 濱脇普作 | 400 |
| | | | |
| | | | |

## 十一、工藝

| 代碼 | 書名 | 編著者 | 定價 |
|---|---|---|---|
| 11-01 | 工藝概論 | 王銘顯 | 240 |
| 11-02 | 籐編工藝 | 龐玉華 | 240 |
| 11-03 | 皮雕技法的基礎與應用 | 蘇雅汾 | 450 |
| 11-04 | 皮雕藝術技法 | 新形象 | 400 |
| 11-05 | 工藝鑑賞 | 鐘義明 | 480 |
| 11-06 | 小石頭的動物世界 | 新形象 | 350 |
| 11-07 | 陶藝娃娃 | 新形象 | 280 |
| 11-08 | 木彫技法 | 新形象 | 300 |

## 十二、幼敎叢書

| 代碼 | 書名 | 編著者 | 定價 |
|---|---|---|---|
| 12-02 | 最新兒童繪畫指導 | 陳穎彬 | 400 |
| 12-03 | 童話圖案集 | 新形象 | 350 |
| 12-04 | 敎室環境設計 | 新形象 | 350 |
| 12-05 | 敎具製作與應用 | 新形象 | 350 |

## 十三、攝影

| 代碼 | 書名 | 編著者 | 定價 |
|---|---|---|---|
| 13-01 | 世界名家攝影專集(1) | 新形象 | 650 |
| 13-02 | 繪之影 | 曾崇詠 | 420 |
| 13-03 | 世界自然花卉 | 新形象 | 400 |

## 十四、字體設計

| 代碼 | 書名 | 編著者 | 定價 |
|---|---|---|---|
| 14-01 | 阿拉伯數字設計專集 | 新形象 | 200 |
| 14-02 | 中國文字造形設計 | 新形象 | 250 |
| 14-03 | 英文字體造形設計 | 陳穎彬 | 350 |

## 十五、服裝設計

| 代碼 | 書名 | 編著者 | 定價 |
|---|---|---|---|
| 15-01 | 蕭本龍服裝畫(1) | 蕭本龍 | 400 |
| 15-02 | 蕭本龍服裝畫(2) | 蕭本龍 | 500 |
| 15-03 | 蕭本龍服裝畫(3) | 蕭本龍 | 500 |
| 15-04 | 世界傑出服裝畫家作品展 | 蕭本龍 | 400 |
| 15-05 | 名家服裝畫專集1 | 新形象 | 650 |
| 15-06 | 名家服裝畫專集2 | 新形象 | 650 |
| 15-07 | 基礎服裝畫 | 蔣愛華 | 350 |

## 十六、中國美術

| 代碼 | 書名 | 編著者 | 定價 |
|---|---|---|---|
| 16-01 | 中國名畫珍藏本 | | 1000 |
| 16-02 | 沒落的行業—木刻專輯 | 楊國斌 | 400 |
| 16-03 | 大陸美術學院素描選 | 凡谷 | 350 |
| 16-04 | 大陸版畫新作選 | 新形象 | 350 |
| 16-05 | 陳永浩彩墨畫集 | 陳永浩 | 650 |

## 十七、其他

| 代碼 | 書名 | 定價 |
|---|---|---|
| X0001 | 印刷設計圖案(人物篇) | 380 |
| X0002 | 印刷設計圖案(動物篇) | 380 |
| X0003 | 圖案設計(花木篇) | 350 |
| X0004 | 佐滕邦雄(動物描繪設計) | 450 |
| X0005 | 精細插畫設計 | 550 |
| X0006 | 透明水彩表現技法 | 450 |
| X0007 | 建築空間與景觀透視表現 | 500 |
| X0008 | 最新噴畫技法 | 500 |
| X0009 | 精緻手繪POP插圖(1) | 300 |
| X0010 | 精緻手繪POP插圖(2) | 250 |
| X0011 | 精細動物插畫設計 | 450 |
| X0012 | 海報編輯設計 | 450 |
| X0013 | 創意海報設計 | 450 |
| X0014 | 實用海報設計 | 450 |
| X0015 | 裝飾花邊圖案集成 | 380 |
| X0016 | 實用聖誕圖案集成 | 380 |

# 店面設計入門

定價：550元

出 版 者：新形象出版事業有限公司
負 責 人：陳偉賢
地　　址：台北縣中和市中和路322號8Ｆ之1
門　　市：北星圖書事業股份有限公司
　　　　　永和市中正路498號
電　　話：29229000（代表）　ＦＡＸ：29229041

原　　著：志田慣平
編 譯 者：新形象出版公司編輯部
發 行 人：顏義勇
總 策 劃：陳偉昭
文字編輯：賴國平
封面編輯：賴國平

總 代 理：北星圖書事業股份有限公司
地　　址：台北縣永和市中正路462號5F
電　　話：29229000（代表）　ＦＡＸ：29229041
郵　　撥：0544500-7北星圖書帳戶
印 刷 所：皇甫彩藝印刷股份有限公司

行政院新聞局出版事業登記證／局版台業字第3928號
經濟部公司執／76建三辛字第21473號

國家圖書館出版品預行編目資料

店面設計入門 / 志田慣平原著；新形象出版公
　司編輯部編輯. -- 臺北縣中和市：新形象，
　1998[民87]
　　面；　　公分

　　ISBN　957-9679-35-5(平裝)

　1.商店 - 設計

497.27　　　　　　　　　　　　　　87003110